Techniques de mesure de force en orthopédie médicale et sportive

Samir Boukhenous

Techniques de mesure de force en orthopédie médicale et sportive

Applications des techniques de mesure de force pour la réalisation des instruments en orthopédie médicale et sportive

Presses Académiques Francophones

Impressum / Mentions légales
Bibliografische Information der Deutschen Nationalbibliothek: Die Deutsche Nationalbibliothek verzeichnet diese Publikation in der Deutschen Nationalbibliografie; detaillierte bibliografische Daten sind im Internet über http://dnb.d-nb.de abrufbar.
Alle in diesem Buch genannten Marken und Produktnamen unterliegen warenzeichen-, marken- oder patentrechtlichem Schutz bzw. sind Warenzeichen oder eingetragene Warenzeichen der jeweiligen Inhaber. Die Wiedergabe von Marken, Produktnamen, Gebrauchsnamen, Handelsnamen, Warenbezeichnungen u.s.w. in diesem Werk berechtigt auch ohne besondere Kennzeichnung nicht zu der Annahme, dass solche Namen im Sinne der Warenzeichen- und Markenschutzgesetzgebung als frei zu betrachten wären und daher von jedermann benutzt werden dürften.

Information bibliographique publiée par la Deutsche Nationalbibliothek: La Deutsche Nationalbibliothek inscrit cette publication à la Deutsche Nationalbibliografie; des données bibliographiques détaillées sont disponibles sur internet à l'adresse http://dnb.d-nb.de.
Toutes marques et noms de produits mentionnés dans ce livre demeurent sous la protection des marques, des marques déposées et des brevets, et sont des marques ou des marques déposées de leurs détenteurs respectifs. L'utilisation des marques, noms de produits, noms communs, noms commerciaux, descriptions de produits, etc, même sans qu'ils soient mentionnés de façon particulière dans ce livre ne signifie en aucune façon que ces noms peuvent être utilisés sans restriction à l'égard de la législation pour la protection des marques et des marques déposées et pourraient donc être utilisés par quiconque.

Coverbild / Photo de couverture: www.ingimage.com

Verlag / Editeur:
Presses Académiques Francophones
ist ein Imprint der / est une marque déposée de
AV Akademikerverlag GmbH & Co. KG
Heinrich-Böcking-Str. 6-8, 66121 Saarbrücken, Deutschland / Allemagne
Email: info@presses-academiques.com

Herstellung: siehe letzte Seite /
Impression: voir la dernière page
ISBN: 978-3-8416-2106-1

Remerciements

Ce travail a été réalisé au sein du Laboratoire d'Instrumentation (LINS) de la faculté d'Électronique et d'Informatique (FEI) de l'Université des Sciences et de la Technologie Houari Boumediene (USTHB).

Je tiens tout particulièrement à exprimer ma profonde reconnaissance à Monsieur **Mokhtar ATTARI**, Professeur à la Faculté d'Electronique et d'Informatique de l'USTHB et directeur du laboratoire d'instrumentation pour m'avoir orienté au cours de ce travail, pour m'avoir fait profité de ses connaissances, pour les nombreuses discussions scientifiques et techniques et pour sa rigueur et son exigence qui ont amplement influencés la qualité de ce travail.

Je remercie très chaleureusement, Monsieur **Youcef REMRAM**, Maître de conférence à la Faculté d'Electronique et d'Informatique de l'USTHB, d'avoir bien voulu juger, objectivement, ce travail de recherche. Je le remercie particulièrement pour toutes aides offertes ainsi que ses précieux conseils concernant l'enseignement et la recherche scientifique. Je suis honoré…

Je ne peux pas oublier tous ceux qui partagent ma vie personnelle et qui m'ont soutenu durant ce travail. Je pense évidemment à ma femme **Fatima**, mes parents, mes sœurs, ma famille proche et ma belle famille. Je pense aussi à tous mes amis qui se reconnaitront, alors merci à tous pour le soutien et l'encouragement.

Je tiens à exprimer toute mon amitié à mes collègues de l'équipe INStrumentation Electronique et Métrologie (INSEM) ainsi à tous les membres du LINS.

Merci à toute personne qui a contribuée d'une manière ou d'une autre à l'aboutissement de ce travail.

Résumé

Les travaux de recherche présentés dans ce travail porte principalement sur la mise en œuvre des techniques de conception et de réalisation de capteurs et instruments pour la mesure des forces en *1D, 2D* et en *3D* pour des applications liées aux tests des performances sportives et à la thérapie orthopédique. Ainsi, l'étude s'est focalisée sur la mise en œuvre de nouvelles structures mécaniques permettant d'optimiser la mesure de forces d'appui, en particulier celle du pied et d'en tirer des informations en temps réel permettant de procéder à un suivie automatique pendant une séance de monitorage des membres inférieures. Dans cette optique, une première plate-forme de force a été réalisée pour une étude des performances sportives d'un athlète pendant un saut en hauteur. Par la suite une autre plate-forme instable de type 'FREEMAN' a été réalisée pour l'étude de la stabilité du pied. Pour une exploration plus approfondie, une autre étude a été menée grâce à la réalisation de structures tactiles pour la mesure des forces d'appuis du pied. L'élément principale de ces structures été basé autour d'un capteur Hall de type analogique linéaire. Par ailleurs, le signal physiologique du muscle (EMG) a été prélevé sur le muscle soléaire du pied durant la stabilité sur un seul pied. En effet, à travers les résultats obtenus nous concluons par la faisabilité de la réalisation d'un instrument permettant l'étude de problèmes liés à la posture et à la stabilité du pied.

Mots clefs : plate-forme de force, capteur tactile, jauge de contrainte, élément Hall, EMG, stabilité du pied.

Abstract

The research tasks presented in this work relates mainly to the implementation of design and construction of sensors and instruments for measuring force in 1D, 2D and 3D for applications in sporting performances tests and orthopedics therapy. Thus, the study is focused on the implementation of new mechanical structures to optimize the measurement and analysis of foot–ground reaction forces. In this context, a first force platform has been realized for a dynamic study of foot-to floor interaction during vertical jumping. Subsequently another type of platform has been realized to study the stability of the foot. For further exploration, another study has been conducted through the realization of tactile structures to measure the reaction forces of the foot in 2D. The main element of this structure was based around a Hall element sensor. Furthermore, the physiological signal of the muscle (EMG) was collected from the soleus muscle of the foot. Indeed, through the results we conclude the feasibility of realization of instrument to study problems related to posture and stability of the foot.

Key words: force platform, foot-ground reaction force, tactile sensor, strain gauge, Hall sensor, EMG.

Sommaire

SOMMAIRE

Chapitre 2 : Systèmes d'aides en rééducation et posture du pied   42

SOMMAIRE

Chapitre 3 : Techniques de mesure de force d'appui au sol 78

Introduction générale ━━━━━━━━━━━━

   Le domaine de l'exploration médicale est très évolutif et certaines disciplines inconnues il y a quelques années prennent progressivement une place importante dans les techniques d'investigation. C'est le cas de la posturologie qui consiste à l'étude de la posture d'un patient en vue d'en tirer des conséquences quant à certaines pathologies mais aussi son éducation ou sa rééducation. De nos jours, trois types de personnes intéressent à des titres très divers cette discipline: les sportifs de haut niveau, pour lesquels l'objectif est d'identifier les stratégies optimales d'équilibre; les personnes handicapées physique soit en raison d'une malformation soit le plus fréquemment en raison d'un traumatisme lié à un accident de la circulation et enfin, les personnes âgées dont les problèmes d'équilibre sont les sources d'accidents. Pour cela, diverses analyses sont menées, statiques dans un premier temps et, depuis très récemment, dynamiques. L'étude des appuis sur le sol permet de comprendre et de corriger des anomalies de la posture pouvant se répercuter souvent au niveau lombaire : différence de longueur des jambes, déformation de la voûte plantaire, rééducation après opération ou traumatisme…etc. Après identification des anomalies, d'une part, des semelles sont réalisées sur mesure afin de corriger la position du pied et la répartition des charges, d'autre part, les mesures de forces sont effectuées pour quantifier les actions de contact entre le sol et le sujet au cours de la phase d'appui au sol lors d'un mouvement. A titre d'exemple, dans le cas de la phase d'appui de la marche, deux types de phénomènes sont étudiés ; la répartition des pressions de contact des pieds avec le sol et les forces unidirectionnelles s'opposant aux déplacements. Ces données sont utilisées pour comparer la marche des sujets normaux et pathologiques. Elles peuvent être exploitées pour calculer les actions des forces et les moments induites au niveau de chaque articulation. Ce qui suppose un calcul préalable des positions instantanées de chacune des articulations et une synchronisation en temps et en espace des données de déplacements et de forces. En outre, les mesures des activités d'Electromyogramme (EMG) indiquent si un muscle est actif ou non au cours d'une phase de mouvement. Les trois principaux paramètres tels que la trajectoire du mouvement, la force de contact et l'activité EMG peuvent être exploités directement pour des comparaisons entre sujets normaux et pathologiques.

1 Motivations

Le contrôle de la posture et de l'équilibre est une fonction complexe régulée de façon automatique par le système nerveux et qui est mise à la contribution à tout moment dans l'activité humaine. Ce contrôle s'organise sous la forme d'une commande motrice en fonction de paramètres variés que sont la tâche à accomplir, la stabilité du support et les capacités fonctionnelles du sujet. Les concepts concernant la régulation de l'équilibre ainsi que les mesures instrumentales des paramètres d'équilibre se sont développés à partir de l'utilisation des plates-formes de force dont la conception a évoluée avec le temps. La complexité croissante de ces systèmes a permis de mieux préciser les caractéristiques de l'équilibre en termes de réactions et de stratégies d'équilibre.

2 Travaux antécédents

Les techniques de l'analyse d'effort que ce soit dans le domaine de l'orthopédie ou sportif ont beaucoup évolué ces dernières années, ce qui a permis l'émergence de deux catégories d'instruments de mesures d'efforts : les plates-formes de force et les chaussures ou semelles instrumentales. Une plate-forme de force est un dispositif dynamométrique développée à l'origine pour les besoins de l'industrie automobile. En recherche orthopédique, la force d'appui au sol est un paramètre cinétique qui permet de calculer les forces qui s'appliquent sur les segments des membres inférieurs et les articulations portantes [Lac 91], [Dou 97], [Beg 00]. En mesurant les interactions qui interviennent lors du mouvement, on peut remonter au geste locomoteur de l'individu [Gia 97], [Rab 01]. La caractéristique temporelle de la force d'appui au sol permet de connaître l'intensité de l'effort de réaction ainsi que la durée du mouvement [Sou 92]. Ceci ouvre de nombreuses perspectives tant au niveau de la rééducation motrice [Ben 94] qu'au niveau de l'amélioration de la performance sportive [Dub 94]. D'autres instruments plus récents, ont fait leur apparence ces dernières années, telle que la chaussure ou semelle équipée de capteurs permettant un suivi de la dynamique plantaire au cours d'un enregistrement de longue durée ainsi que l'étude des contraintes s'exerçant à l'interface pied-sol [Fai 03], [Fai 04], [Che 06]. Des capteurs de forces de différents types sont placés sous les semelles d'un individu qui sont soumises à la force de réaction du pied avec le sol. De nombreux

2

travaux dans ce domaine de recherche ont aboutis à la commercialisation de quelques uns de ce type d'instrument : ZEBRIS system, Artisanales Coualorda, Footscan®RS scan International Belgique, F-Scan Tekscan Satel posture France, Pedar Novel Electronics USA…etc.

3 Problématique de l'étude

Il existe durant la phase du déséquilibre une période critique de mise en jeu des réactions destinées à éviter la chute. Ces réactions ont pour but de freiner l'oscillation du centre de gravité. Elles peuvent être mises en défaut chez les personnes souffrantes des troubles de l'équilibre par plusieurs facteurs :

- Défaut de perception du déséquilibre du fait de vieillissement ou d'une lésion des récepteurs périphériques (visuels, neuromusculaires…etc) ;
- Retard de déclenchement des activités de réflexes ;
- Problème au niveau des muscles qui interviennent dans les réactions d'équilibre.
- Accidents musculaires qui peuvent subvenir après un effort physique intense ou répété telle que l'entorse de la cheville ;

L'utilisation des tests cliniques et mesures instrumentales des paramètres d'équilibres contribuent à mieux cerner la mise en jeu des afférences sensorimotrices dans la régulation de l'équilibre et leur implication dans les différentes situations cliniques conduisant au déséquilibre. C'est dans ce sens qu'on se propose de concevoir et de réaliser localement un système de rééducation clinique du pied permettant la fortification des muscles qui agissent au niveau de la cheville et ainsi d'éviter certains accidents musculaires qui peuvent subvenir après un effort physique intense ou répété. Il s'adresse aussi à l'analyse de l'équilibre en appui unipodal pour mettre en œuvre des techniques de mesures simples, rapides et précises.

4 Méthodologie

Pour répondre aux objectifs visés, cela nécessite une parfaite maîtrise des techniques de conception et de réalisation de capteurs et instruments pour la mesure des forces en 1D, 2D et en 3D pour des applications liées directement au diagnostic et à la thérapie orthopédique. Ainsi, l'étude s'est focalisée sur la mise en œuvre de nouvelles structures mécaniques permettant d'optimiser la mesure de la force d'appui, en particulier celle du pied et d'en tirer des informations en temps réel permettant de procéder à un suivie automatique pendant une séance de monitorage des membres inférieures.

5 Contribution

Les travaux décrits dans ce document ont aboutis à la réalisation des systèmes suivants:

- d'un capteur de force 1D et 3D à base de jauges de contraintes ;
- d'un prototype de plate-forme de force d'appui au sol ;
- d'une semelle et d'un réseau de capteurs de force tactile à base de l'élément Hall;
- d'un système de recueil du signal EMG.

6 Structure du document

Ce document présente les travaux qui ont conduit à la contribution et au développement des techniques appliquées à la rééducation fonctionnelle ainsi qu'à la réalisation d'une instrumentation appropriée. Il est organisé de la manière suivante :

Le chapitre.1, illustre l'étude et réalisation de plates-formes de force d'appui au sol.

Le chapitre.2, décrit la mise en œuvre de systèmes d'aide en rééducation et posture du pied avec le recueil du signal EMG.

Dans le chapitre.3, on présente les tests effectués pour les mesures et les analyses de la force d'appui au sol que ce soit dans le domaine de l'orthopédie ou sportif.

Enfin, une conclusion finale et des perspectives à court et à moyen terme pour les travaux futures.

Chapitre 1

Etude et réalisation
de plates-formes de force

Etude et réalisation de plates-formes de force

Tout mouvement résulte de l'action des forces. Généralement, celles-ci ne peuvent être perçues, et encore moins évaluées, à l'œil nu. L'intensité des forces qui agissent sur le corps et les courbes décrivant celles-ci est cependant autant d'informations précieuses pour les orthopédistes, les entraîneurs sportifs, les fabricants de chaussures, les ergonomes, les neurologues, les constructeurs d'automobiles et nombre d'autres spécialistes du vaste secteur interdisciplinaire de la 'biomécanique'. Le domaine biomédical auquel se réfèrent les instruments de mesure de force d'appui au sol est essentiellement mise en œuvre dans les trois secteurs suivants :

➢ **Domaine sportif :** Mesure de l'effort d'appui au sol d'un athlète, afin de permettre aux médecins dans ce domaine de faire des analyses quantitatives sur des épreuves d'efforts d'athlètes ;

➢ **Rééducation clinique :** Analyse de la marche en orthopédie, adaptation d'une prothèse ou la compensation de charge après une opération et rééducation clinique et sportive ;

➢ **Posturographie** : Etude de l'équilibre en neurologie et orthopédie.

1.1. PLATE-FORME DE FORCE D'APPUI AU SOL

En recherche orthopédique, la force d'appui du pied au sol est un paramètre cinétique qui permet de calculer les forces qui s'appliquent sur les segments des membres inférieurs et les articulations portantes [Spa 94], [Tan 00]. En mesurant les interactions qui interviennent lors du mouvement, on peut remonter au geste locomoteur de l'individu [Gia 97], [Rab 01]. La caractéristique temporelle de la force d'appui au sol permet de connaître l'intensité de l'effort de réaction, ainsi que la durée du mouvement [Sou 92], [Bou 06]. Ceci ouvre de nombreuses perspectives tant au niveau de la rééducation motrice qu'au niveau de l'amélioration de la performance sportive [Dub 94]. Les forces de liaison extérieures les plus usuelles agissant sur le corps sont les forces de réaction du sol sur la surface plantaire. Ce système de forces peut être réduit à une résultante et à un moment en un point convenable. La résultante et le moment sont décomposables selon les trois directions de l'espace. En outre, la résultante des forces de réaction verticale est appliquée en un point qui est le barycentre de ces forces : c'est le point d'application des forces, encore connu sous le nom de '*centre de pressions des pieds*' [Rez 00]. Il est défini par ces deux composantes situées sur le plan du sol. Ces variables peuvent être mesurées par une plate-forme de force, il existe plusieurs types utilisant divers transducteurs et présentant des formes et des dimensions variées. Le problème technique le plus important qu'elles posent est celui de leur fréquence propre, qui dépend de la rigidité de l'ensemble du système.

En Algérie, le seul prototype a été réalisé il y'a une dizaine d'années au sein de LINS (https://www.lins.usthb.dz) [Bou 98a], [Bou 98b], [Bou 98c]. Cet instrument conventionnel a été réalisé avec une plate-forme en acier d'épaisseur 15mm avec un capteur de force 1D permettant l'accès à la seule composante verticale de la force d'appui au sol [Bou 99]. L'inconvénient de cette plate-forme est son poids qui est de l'ordre de 60Kg. Pour cette raison, nous avons conçu un deuxième prototype de plate-forme plus léger mais le problème réside principalement à la seule mesure de la composante verticale. Or, parmi nos objectifs est la mesure de la force vectorielle (3D). Après plusieurs recherches, nous sommes arrivés à modéliser et réaliser un nouveau capteur de force 3D à jauge de contrainte [Bou 07a], [Bou 07c], à base de lequel nous avons réalisé un prototype de plate-forme de force vectorielle. Avant de décrire ces prototypes, nous avons vue qu'il est nécessaire de donner des notions sur quelques capteurs de force servant comme support de fabrication des plates-formes de forces.

1.1.1. Capteur de force

Pour mesurer la force exercée par le corps humain sur son environnement, on utilise des capteurs de forces. Fondés sur des principes variés de détection, ces capteurs délivrent des signaux électriques en fonction de la force qui leurs est appliquée. En outre, les capteurs de pression, force, poids et couple sont utilisés pratiquement dans tous les secteurs de la recherche et de l'industrie. Dans ces différents domaines, les normes d'utilisation, les environnements, les étendues de

7

mesure, les précisions recherchées sont diverses. Des paramètres, essentiels pour les uns, peuvent être sans importance pour les autres.

Le fonctionnement de la plate-forme de force que nous envisageons, nécessite l'intégration de capteurs de force, permettant la mesure de la force d'appui au sol. Actuellement il existe trois principaux types de capteur de mesure de force utilisés pour les plates-formes de forces :

> les capteurs piézo-électriques ;

> les capteurs à jauge de contrainte ;

> les accéléromètres ;

1.1.1.1. *Capteur de force piézo-électrique*

L'effet piézo-électrique est le plus utilisé. Son utilisation la plus simple concerne les capteurs de force. La Figure 1.1 montre le principe de ce capteur, qui se présente sous forme d'une plaquette piézo-électrique métallisée sur deux faces parallèles. L'application d'une force F normale à la surface de la plaque provoque l'apparition au niveau des électrodes d'une charge Q qui lui est proportionnelle [Nor 82], [Mig 07].

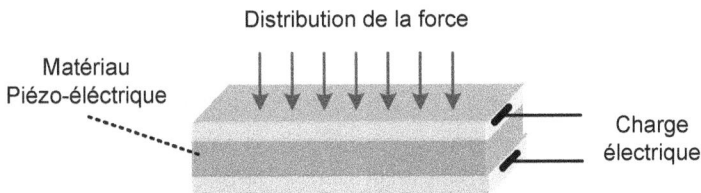

Figure 1.1. Principe d'un capteur piézo-électrique

Afin de recueillir un signal électrique, le capteur est conditionné par un amplificateur de charge ou plus précisément le convertisseur charge-tension qui est un circuit capable de convertir une charge Q en une tension V. Le circuit de la Figure 1.2, représente un intégrateur avec un amplificateur opérationnel. Le courant I_e

8

généré par la tension V_e passe à travers la capacité C_F en la chargeant. L'expression de la tension de sortie peut comme suit, s'écrire en fonction du courant d'entrée $i_e(t)$,

$$V_s(t) = -\frac{1}{C_F}\int_0^t i_e(\tau)d\tau + V_s(0) \qquad (1.1)$$

Ainsi l'équation du circuit s'écrit,

$$V_s(t) = -\frac{1}{C_F}\int_0^t i_e(\tau)d\tau \qquad (1.2)$$

En pratique la tension $V_s(0)$ est annulée en plaçant un transistor MOSFET aux bornes de la capacité C_F. Ce commutateur est actionné (RAZ) à l'instant $t=0$. Aussi, cette équation montre que le circuit se comporte comme un intégrateur et intègre toute tension à son entrée.

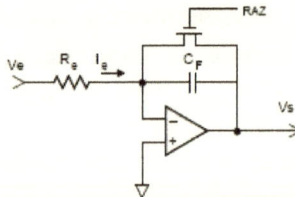

Figure 1.2. Schéma de principe d'un montage intégrateur

La Figure 1.3, montre un exemple pour mesurer la charge générée par un capteur de force à élément piézo-électrique [Att 00]. Sous l'effet d'une force, le capteur génère une charge $Q(t)$ à ses bornes et qui se transforme en courant électrique $i_e(t)$ tel que,

$$i_e(t) = \frac{dQ(t)}{dt} \qquad (1.3)$$

d'où l'expression de la tension de sortie V_s, qui est directement proportionnelle à la charge générée par le capteur,

9

$$V_s = -\frac{1}{C_F} \cdot Q(t) \qquad (1.4)$$

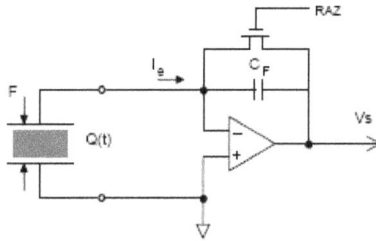

Figure 1.3. Charge générée par un capteur de force piézo-électrique

L'avantage du capteur piézo-électrique réside dans :

- la mesure dynamique de la force ;
- la sensibilité du matériau ;
- l'étendue de mesure dynamique élevée;
- leur seuil de réponse < 0,01 N.

Par contre, il est insensible à la mesure de force statique.

A partir de ce principe, la firme Kistler (constructeur suisse) a réalisée et commercialisée plusieurs capteurs piézo-électriques à usage d'utilisation varié (industrielle, biomédicale, recherche...etc) pour différentes gammes de mesures. La Figure 1.4, montre quelques photos de capteurs de force triaxiales utilisés pour la réalisation des plates-formes de force vectorielle.

Figure 1.4. Capteurs piézo-électriques triaxiaux 'Kistler'

10

1.1.1.2. *Capteur à Jauges de contraintes*

Les jauges de déformation sont utilisées principalement pour l'analyse des contraintes mécaniques [Avr 85]. Elles sont aussi utilisées pour mesurer d'autres grandeurs de façon indirecte (force, pression, accélération …etc), pour cela, elles sont très répondues dans de nombreux capteurs. Afin de réaliser un capteur de déformation, on utilise le principe de variation d'une résistance électrique d'un conducteur sous l'influence d'une contrainte mécanique. Prenant l'exemple de la Figure 1.5, d'un fil conducteur qui subit une contrainte σ sur ses extrémités, alors sa longueur L se trouve augmentée de Δl. On définie dans ce cas la déformation axiale par, $\varepsilon = \Delta l / l$ cette déformation apparaît sous l'effet de la contrainte σ qui est la force F rapportée à l'unité de section S, avec $\sigma = F/S$.

Les expériences montrent qu'en traction la longueur du fil augmente, alors que ses dimensions transversales diminuent, et c'est l'inverse dans le cas de la compression. Pour de nombreux matériaux sollicités par une contrainte jusqu'à des limites définies, la loi de Hooke exprime l'allongement relatif ε (déformation) et la contrainte σ par la relation,

$$\varepsilon = \sigma / E \qquad (1.5)$$

Le coefficient E qui est une fonction du matériau s'appelle module de Young ou module d'élasticité. Il caractérise la rigidité du matériau, c'est-à-dire sa propriété de résister à la déformation.

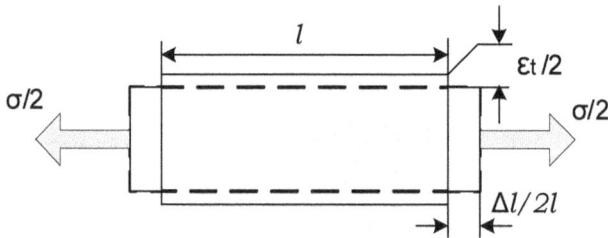

Figure 1.5. Déformation d'un fil sous l'effet d'une traction

si l est la longueur au repos du fil, S sa section et ρ sa résistivité, alors sa résistance s'écrit,

$$R = \rho \cdot l / S \qquad (1.6)$$

On démontre aisément que la variation de résistance relative du fil sous l'action d'une déformation est exprimé par,

$$\frac{\Delta R}{R} = \left[1 + 2v + C(1 - 2v)\right] \cdot \frac{\Delta l}{l} \qquad (1.7)$$

où v est le coefficient de déformation transversale (coefficient de Poisson) qui caractérise l'aptitude du matériaux à subir des déformations transversales. C est la constante de Bridgman qui exprime la variation de résistivité par rapport à la variation de volume du matériau. Dans la limite où le phénomène est linéaire, la valeur de la constante C est d'environ 1 pour les métaux et d'environ 100 pour les semi-conducteurs.

Dans ces conditions, on définit le facteur de jauge qui est une constante de proportionnalité entre la variation de résistance et la déformation, ainsi,

$$G = (1 + 2v) + C(1 - 2v) \qquad (1.8)$$

En pratique, une jauge de contrainte est constituée d'une grille formée par un fil filiforme de résistivité ρ, de section S et de longueur nl, où l représente la longueur d'un brin et n leur nombre ($10 < n < 20$ pour les jauges métalliques et $n=1$ pour les jauges semi-conductrices). La Figure 1.6 montre quelques photos de jauges d'extensométrie. Les n brins sont fixés sur un support isolant. La jauge de contrainte est collée sur la structure à étudiée, de telle sorte qu'elle subit une déformation identique à celle de la structure, parallèlement aux brins.

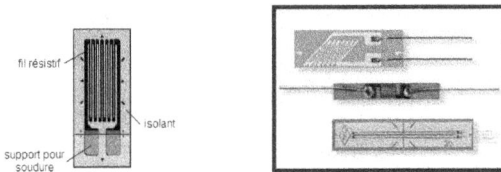

Figure 1.6. Jauges d'extensométrie

Sur la Figure 1.7, nous montrons une photo de jauge de contrainte collée sur une lame flexible d'un banc d'essai, que nous avons réalisé, au sein du LINS,

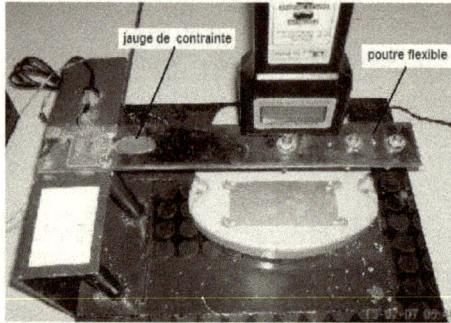

Figure 1.7. Photo du banc d'essai à base de jauges de contraintes

Pour des mesures de précision, l'effet de la température doit être pris en compte. Dans le cas des jauges métalliques, les brins subissent aussi des déformations dues à la température T et la résistance peut s'écrire,

$$\frac{\Delta R}{R} = \beta \cdot \Delta T \qquad (1.9)$$

avec β, le coefficient de température du matériau.

En effet, un développement du premier ordre de la résistance qui est fonction de la déformation ε et de la température T, s'écrit,

$$\frac{\Delta R}{R} = \frac{\delta R / R}{\delta \varepsilon} \Delta \varepsilon + \frac{\delta R / R}{\delta T} \Delta T \qquad (1.10)$$

D'après cette expression, on remarque bien que le développement du premier ordre figure les deux sensibilités, la première au mesurande (déformation) et la deuxième à la grandeur indésirable (la température).

L'avantage des jauges de contraintes réside dans :

- la mesure statique et dynamique de la force ;

13

- leurs sensibilité et l'étendue de mesure dépend de la structure (corps d'épreuve) sur la quelle sont collées;

1.1.1.3. *Accéléromètre*

Les accéléromètres sont des petits capteurs mesurant la force de réaction associée à une accélération donnée. Ils permettent, par application du principe fondamental de la dynamique *(F=m.γ)* l'étude des mouvements d'un point du corps.

Les forces générées par un objet de masse connue sont utilisées pour déformer des matériaux piézorésistifs ou des jauges de contraintes [Pei 05]. Ces jauges après un conditionnement du signal, produisent une tension de sortie proportionnelle à la force appliquée. La masse étant connue et constante, on retrouve facilement l'accélération. Pour connaître toutes les composantes de cette accélération dans l'espace, il est nécessaire d'utiliser un accéléromètre triaxial [Mig 07], composé de trois accéléromètres montés à angle droit, les uns par rapport aux autres (Figure 1.8).

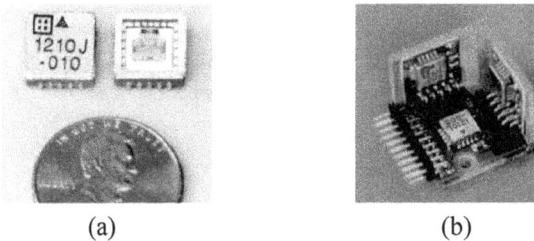

(a)   (b)

Figure 1.8. (a) Accéléromètres 1D/2D
(b). Module à Accéléromètre 3D à base du Modèle 1210

Un prototype d'instrument réalisé à l'université Clarkson (USA) [Saz 07], est constitué de 34 capteurs résistifs pour la mesure de la pression plantaire et d'un accéléromètre MEMS bidirectionnel (MEMSIC MXR2999E) monté sur la chaussure pour détecter l'accélération du mouvement dans le plan sagittal.

Un autre système composé de gyroscope [Alv 07], dont le principe est similaire à celui des accéléromètres. Ce dernier, mesure l'orientation et l'accélération horizontale et verticale du pied dans le plan sagittal.

14

L'avantage des accéléromètres réside essentiellement dans :

- l'accès immédiat aux résultats,
- la fréquence d'échantillonnage peut être très élevée, atteignant 1KHz et permettant l'observation des mouvements rapides;

Parmi leurs inconvénients :

- leurs mises en œuvre sont délicates;
- sont très sensibles, donc ils enregistrent le moindre mouvement, entrainant ainsi, une accélération instantanée élevée, alors que le déplacement correspondant peut être faible ;
- elles sont sensibles à la pesanteur. Il faut donc connaître leurs positions par rapport à la verticale. Un faible décalage pouvant perturber considérablement les mesures ;

Compte tenu de tous ces inconvénients, le choix des accéléromètres a été éliminé.

1.2. CHOIX DU CAPTEUR D'EFFORT

Actuellement, quelles que soient les technologies, les séries de fabrications sont limitées à une centaine d'unités identiques, à performances équivalentes. Les capteurs possédant des éléments de transduction électronique simples ont des prix très compétitifs par rapport aux autres technologies qui nécessitent une électronique associée assez complexe. Les capteurs piézo-électriques permettent la mesure de la force en 3D. Mais sa nécessite une haute technologie de fabrications en plus les mesures de force statique par ces capteurs sont impossibles. Pour ces raisons notre choix s'est porté sur les capteurs à base de jauges de contraintes, d'où la nécessité de concevoir et réaliser le corps d'épreuve.

1.2.1. Dimensionnement et réalisation du corps d'épreuve 1D

Afin d'avoir une bonne réponse au niveau des capteurs, on a opté pour des appuis tubulaires illustré sur la Figure 1.9. Pour dimensionner ce corps d'épreuve, nous nous sommes proposé de satisfaire la condition d'élasticité du matériau où la déformation ε ne dépasse pas la limite d'élasticité du matériau [Ach 99]:

$$\varepsilon \le \frac{\sigma_{max}}{E} \qquad (1.11)$$

avec σ_{max} : contrainte maximale [N/m^2] que subit le corps d'épreuve

et E : module d'élasticité [N/m^2]

En fait, cela n'est pas suffisant, puisqu'au voisinage de la limite d'élasticité, on risque des ruptures de fatigue, des déformations permanentes, et des non linéarités, qui altèrent les performances du capteur. Pour cela, il est recommandé de se limiter à un fonctionnement au 1/5 ou même au 1/10 de la limite élastique [Avr 85]. Pour la réalisation du corps d'épreuve, on a retenu comme matériau le duralumin *AU4G*, alliage d'aluminium, caractérisé par une contrainte σ_{max} = 45 N/mm^2. Ceci correspond à une déformation à la limite élastique valant ε_{max} /10 = 625 µstrain.

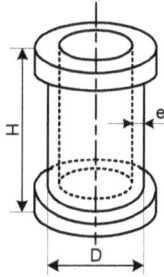

Figure 1.9. Corps d'épreuve tubulaire

En respectant les notations de la Figure 1.9, les déformations longitudinale (ε_l) et transversale (ε_t) du corps d'épreuve sont respectivement données par [Avr 85]:

$$\varepsilon_1 = \frac{4.F}{\pi.E.(D^2 - d^2)}$$
$$\varepsilon_t = \frac{-4.\mu.F}{\pi.E.(D^2 - d^2)} \qquad (1.12)$$

où F: force appliquée [N], $d = D\text{-}2e$ diamètre intérieur [m],

et E: module d'élasticité [N/m^2]

On en déduit la sensibilité $S = \frac{\varepsilon_l}{F}$ de l'appui soumis à une force de compression F par :

$$S = \frac{4}{\pi \cdot E \cdot (D^2 - d^2)} \qquad (1.13)$$

et F_{max} par : $\qquad\qquad F_{max} = \frac{\varepsilon_{max}}{S} \qquad\qquad (1.14)$

Les caractéristiques du corps d'épreuve réalisé sont :

Hauteur : $H = 50$mm ; Diamètre : $D = 30$mm ; épaisseur : $e = 2$mm
la Sensibilité vaut $S = 26.10^{-8}$ µstrain/N et $F_{max} = 26$ kN

1.2.2. Réalisation du capteur de force 1D

Pour transformer l'appui précédent en capteur de force, on lui associer des jauges de contraintes. Pour choisir les jauges, théoriquement il faut considérer les différentes conditions d'emploi :

➤ l'environnement (température, allongement maximale, fatigue,…);

➤ les conditions de mise en œuvre (collage et câblage) ;

➤ la nature physique de la structure (coefficient de dilatation) ;

➤ les causes de contraintes (compression, traction, flexion, torsion...) ;

➤ l'instrumentation et le coût de l'installation ;

➤ la valeur nominale et la précision désirée ;

Du point de vue pratique, notre choix en matière de jauges est très limité, compte tenu de la disponibilité immédiate. Nous avons ainsi utilisé des jauges à film métallique. Les principales caractéristiques de ces jauges sont :

Forme de jauge   : grille longue

Longueur de jauge = 6 mm;

Résistance nominale = $(100 \pm 0,1)\ \Omega$.

Pour la réalisation du capteur, on a procédé au collage des jauges sur le corps d'épreuve dont l'opération nécessite une grande précaution. Nous avons collé les jauges en respectant la procédure technique de mise en œuvre décrite par J.Avril [Avr 85]. Les principales étapes que nous avons respecté sont les suivantes:

a. Dégraissage

Le but du dégraissage est l'élimination des huiles, des graisses et des contaminants organiques. Il a été réalisé en passant un chiffon contenant de l'alcool puis un chiffon imbibé d'acétone (solvant organique) sur la surface des appuis.

b. Abrasion

Les emplacements des jauges ont été abrasés pour obtenir un état de surface satisfaisant pour le collage. Du papier abrasif (papier à verre) très fin de numéro (500 et 1000) a été utilisé pour un ponçage très fin.

c. Nettoyage final

Nous avons passé une dernière fois un chiffon propre imbibé d'alcool, puis nous avons chauffé légèrement de sorte a évité l'humidité due à la condensation.

d. Traçage des emplacements des jauges

Avant l'opération du collage, les axes de collage ont été tracés sur le corps d'épreuve. Ces repères ont servis de repères d'alignement que l'on a fait coïncider avec ceux des jauges.

e. Collage des jauges

Après la préparation des surfaces, on a collé les jauges sur le corps d'épreuve en utilisant une colle à base de cyanocylate, en faisant coïncider l'axe des jauges avec ceux tracés précédemment sur le corps d'épreuve. Nous avons utilisé un papier transparent adéquat afin de maintenir la pression pendant les quelques seconds nécessaires au collage.

Sur la Figure 1.10, on montre la photo du capteur réalisé autour d'un corps d'épreuve tubulaire en duralumin, sur le quel on a collés deux jauges de contraintes. Ces dernières permettent la détection de la déformation due à l'effort appliqué et la compensation en température [Bou 05]. Contrairement au premier prototype de capteur réalisé [Bou 99], où on a collé une seule jauge au niveau du corps d'épreuve.

18

Figure 1.10. Capteur de force 1D réalisé

1.2.3. Modélisation et réalisation du nouveau capteur de force 3D

Le corps d'épreuve est la partie qui subira les déformations. Il est donc préférable d'utiliser un matériau facilement déformable afin d'obtenir un signal de forte amplitude. Il faut également éviter de sortir de la gamme de déformation élastique de celui-ci pour éviter tout risque de déformation permanente.

Certains aciers alliés (E4340 par exemple) donnent une bonne précision et une excellente résistance à la fatigue mais ils doivent être protégés de la corrosion, alors qu'un acier inoxydable n'a pas ce problème mais il est moins homogène et donc moins précis. Il est également possible d'utiliser des corps d'épreuves en aluminium pour des capteurs de faible capacité.

Pour dimensionner le corps d'épreuve, nous nous sommes proposés de satisfaire la condition d'élasticité du matériau où la déformation ε ne dépasse pas la limites d'élasticité du matériau $\varepsilon \leq \dfrac{\sigma_{max}}{E}$, pour cela on a choisi le même type de matériau utilisé pour la réalisation du corps d'épreuve tubulaire (paragraphe § 1.2.1).

La forme du corps d'épreuve que nous avons choisi pour la modélisation est schématisée sur la Figure 1.11, ce dernier est formé d'un anneau permettant la détection de la composante verticale de la force et d'un tube pour la détection des forces de cisaillements. Ce modèle est inspiré d'un instrument à bars parallèles supportant quatre capteurs de force identiques pour la mesure des forces appliquées

19

par des patients paraplégiques durant la phase de maintien debout ou la monté et la décente des escaliers sous l'effet des stimulations électriques [Jin 97].

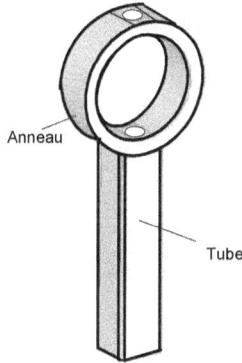

Figure 1.11. Forme du corps d'épreuve 3D à modéliser

1.2.3.1. *Dimensionnement du corps d'épreuve 3D*

a. Dimensionnement de l'anneau

L'anneau circulaire permet la détection de la composante verticale de la force, on a supposé quelle est concentrée au point supérieur de l'anneau comme on la schématisé sur la Figure 1.12.

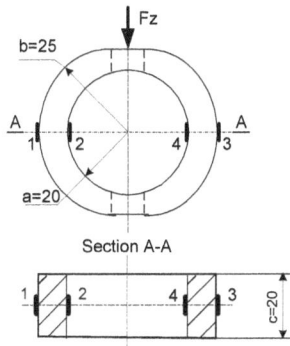

Figure 1.12. Schéma de coupe de l'anneau

20

L'expression de la contrainte concernant l'anneau est donnée comme suit [Jin 97]:

$$\sigma = K.\frac{2P}{\pi \cdot b} \qquad (1.15)$$

avec P : la charge exercée sur la profondeur de l'anneau ;

c : la profondeur de l'anneau (voir la coupe de la section A-A de la Figure 1.12) ;

K : coefficient numérique qui dépend du rapport a/b. Ce coefficient est positif en traction et négatif en compression.

b : le rayon de l'anneau.

Les dimensions que nous avons choisie sont : a = 20 mm, b = 25 mm et c = 20 mm, soit a/b = 0.8

D'après Young [You 89] au point (1) et (3) de l'anneau $K_1 = +32$ et au point (2) et (4) $K_2 = -40$.

Ainsi, on déduit d'après Eq (1.15) les contraintes aux points 1,2,3 et 4, soit

$$\sigma_1 = \sigma_3 = 32{,}61 \text{ N/mm}^2 \qquad (1.16)$$

$$\sigma_2 = \sigma_4 = -40{,}76 \text{ N/mm}^2 \qquad (1.17)$$

Or, la contrainte maximale du matériau utilisé AU4G vaut $\sigma_{max} = 441 \text{N/mm}^2$ qui est largement supérieure aux contraintes calculées. Ce qui vérifie la condition de sécurité.

b. Dimensionnement de la forme tubulaire

Le tube choisi pour la modélisation est de 2 mm d'épaisseur, et de 80 mm de hauteur. Sur la Figure 1.13, on donne la coupe de sa section B-B.

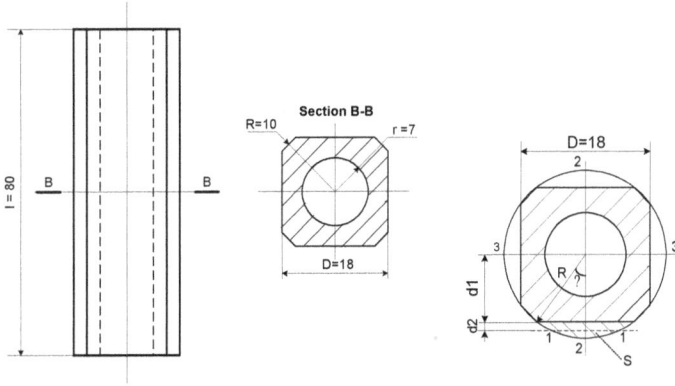

Figure 1.13. Représentation du tube et sa coupe de section B-B

1.2.3.2. *Modélisation du corps d'épreuve 3D*

Pour la modélisation du corps d'épreuve 3D, nous avons utilisé un logiciel d'analyse de structures utilisant la méthode d'analyse par éléments finis 'SolidWorks 7' [Bou 07]. Le modèle du corps d'épreuve généré est illustré sur la Figure 1.14.

Figure 1.14. Modèle du corps d'épreuve généré

22

a. Application d'une force de cisaillement selon l'axe xox'

Le résultat par simulation de la déformation du corps d'épreuve sous l'effet de la force de cisaillement F_x est montré sur la Figure 1.15.

Figure 1.15. Déformation du corps sous l'effet de la force F_X

Nous constatons que la force F_x provoque une déformation importante au niveau de la partie central et inférieur (zone verte) du tube d'où le choix de l'emplacement des jauges de contrainte pour la mesure de la force de cisaillement. En outre, nous remarquons une légère déformation au niveau du point d'assemblage de l'anneau et le rectangle creux (zone rouge).

b. Application d'une force de cisaillement selon l'axe yoy'

Le résultat de la déformation du corps d'épreuve sous l'effet de la force de cisaillement F_y est montré sur la Figure 1.16.

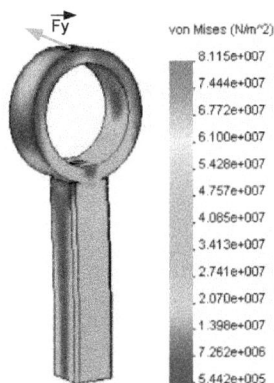

Figure 1.16. Déformation du corps d'épreuve sous l'effet de la force F_y

Même constations que dans le cas de l'application de la force F_x, cependant, on remarque une légère déformation au niveau de la zone d'assemblage de l'anneau avec le rectangle creux et l'extrémité supérieure de l'anneau.

c. Application d'une force de compression Fz selon l'axe zoz'

Le résultat de la déformation du corps d'épreuve sous l'effet de la force de compression F_z est donné sur la Figure 1.17.

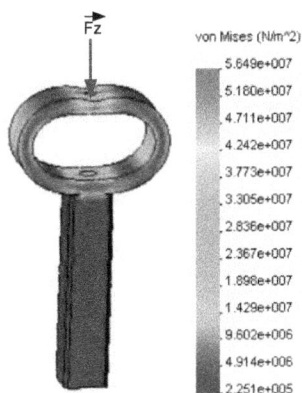

Figure 1.17. Déformation du corps d'épreuve sous l'effet de la force F_z

D'après ces résultats, nous constatons bien que la déformation est subite par l'anneau seulement. En plus, la déformation est importante (zone verte) au niveau de l'axe neutre de l'anneau. D'où le choix de l'emplacement des jauges pour la détection de la force F_z.

En conclusion nous avons vu qu'une optimisation de la géométrie du corps d'épreuve est utile pour :

➢ évité des contraintes néfastes hors des emplacements des jauges ;

➢ trouver pour les jauges des zones de déformations maximales.

1.2.4. Installation des jauges sur le corps d'épreuve 3D

La procédure d'installation est identique à celle utilisée pour le premier capteur réalisé (paragraphe §1.2.2). Après la préparation de la surface, nous avons collé les jauges sur l'anneau et le rectangle creux. La Figure 1.18 montre la photo du capteur de force vectoriel réalisé [Bou 07].

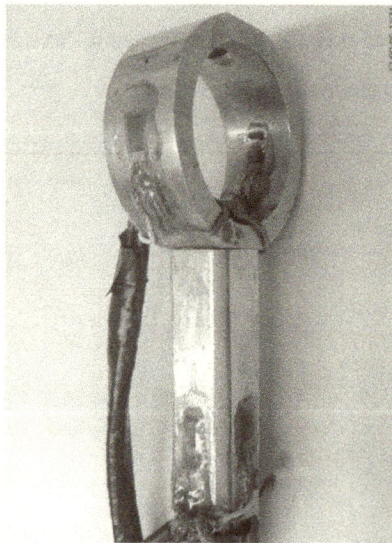

Figure 1.18. Photo du capteur de force vectoriel réalisé

25

1.3. PROTOTYPE DE PLATE-FORME DE FORCE REALISE

La plate-forme de mesure de force que nous avons conçu et réalisé, est plus légère que le premier prototype [Bou 99]. Elle est constituée d'une plaque d'impact indéformable en aluminium de 5mm d'épaisseur déposée sur quatre appuis ayant les mêmes dimensions et matériau que le corps d'épreuve du capteur qui se trouve au milieu de la structure. Cette disposition, nous a permis d'économiser le nombre de jauges, de réduire d'avantage le circuit de conditionnement des signaux issus des capteurs et avoir une bonne sensibilité dans le cas où la pression du pied d'un sujet soit au alentour du centre de gravité de la plate-forme de force. En outre, si on s'intéresse seulement à la composante verticale de la force d'appui au sol, nous utilisons alors le capteur de force 1D [Bou 05]. Dans le cas contraire, on utilise le capteur de force 3D [Bou 07]. Les deux cas de figures d'installation ainsi que le dimensionnement de la plaque d'impact sont données en Figure 1.19.

Figure 1.19.a. Plate-forme de force 1D

Figure 1.19.b. Plate-forme de force 3D

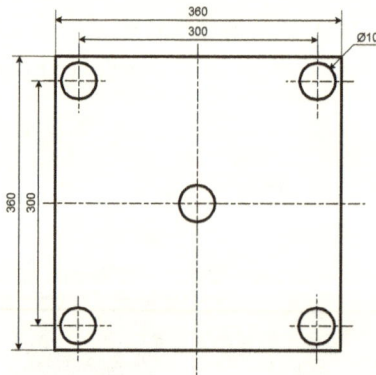

Figure 1.19.c. Dimensionnement de la plaque d'impacte

Un conditionnement analogique des signaux à faible niveau issus des capteurs est nécessaire afin de permettre une acquisition via un micro-ordinateur PC.

1.4. CONDITIONNEMENT DES SIGNAUX ISSUS DE LA PLATE-FORME DE FORCE 1D

La chaîne de mesure des signaux issus de la plate-forme de force 1D est constituée de l'ensemble des dispositifs, y compris le capteur, rendant possible dans les meilleures conditions pour la détermination précise de la valeur du mesurande.

1.4.1. Principe de mesure de force en compression

Il s'agit de mesurer le signal électrique donnant accès à l'effort de réaction au sol. Si on prend le cas de la mesure de force en compression appliquée au capteur composite schématisé sur la Figure 1.20. La jauge de contrainte installée sur le corps d'épreuve transforme la déformation longitudinale ε au niveau de l'appui en variation de résistance de la jauge.

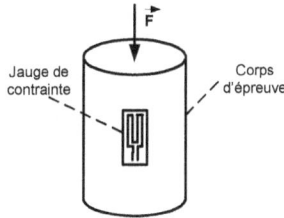

Figure 1.20. Capteur de force en compression

La variation relative de résistance est déterminée par la mesure de la tension de déséquilibre d'un pont de Wheatstone (Figure 1.21), montage dans lequel la jauge est disposée dans l'une des branches.

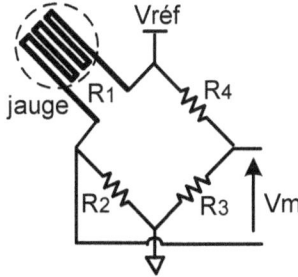

Figure 1.21. Exemple de montage d'une jauge dans un pont de Wheatstone

De façon générale, un pont de Wheatstone est alimenté par une tension de référence $V_{réf}$ et comprenant quatre résistances R_i, (i =1   4) subissant des variations ΔR_i, ce pont présente une tension de sortie donnée par [Asc 99] :

$$V_m = V_{réf} \cdot \frac{R_3.R_4}{(R_3 + R_4)^2} \cdot \left[\frac{\Delta R_1}{R_1} - \frac{\Delta R_2}{R_2} + \frac{\Delta R_3}{R_3} - \frac{\Delta R_4}{R_4} \right] \qquad (1.18)$$

Pour les montages d'extensométrie, on prend souvent quatre résistances ayant une même valeur ohmique R_0, égale à la résistance d'une jauge au repos.

Sous l'effet d'une contrainte, la résistance de jauge varie suivant la relation :

$$\frac{\Delta R_i}{R_i} = G.\varepsilon_i \qquad (1.19)$$

La déformation ε_i résulte à la fois de l'effet de la force F et de la température T, principale grandeur d'influence des jauges de contraintes [Web 99]. C'est à dire que :

$$\varepsilon = \varepsilon_F + \varepsilon_T \qquad (1.20)$$

où ε_F est la déformation due à l'action de la force

et ε_T est la déformation due à la dilatation thermique

L'expression (2.18) s'écrit alors :

$$V_m = V_{réf} \cdot \frac{G}{4} \cdot \left[(\varepsilon_1 - \varepsilon_2) + (\varepsilon_3 - \varepsilon_4) \right] \qquad (1.21)$$

Ceci a conduit à la possibilité de réaliser trois types de montages de conditionnement des jauges de contraintes comme schématisé sur la Figure 1.22, où nous distinguons :

a- le montage en ¼ de pont avec : 1 jauge et 3 résistances fixes

b- le montage en ½ pont avec : 2 jauges et 2 résistances fixes

c- le montage en pont entier avec : 4 jauges de contraintes

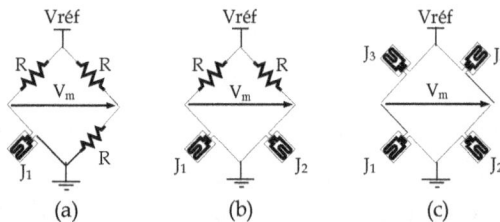

Figure 1.22. Montages des jauges de contraintes dans un pont de Wheatstone

29

Nous disposons les jauges de manière à ce qu'elles soient actives $(\varepsilon = \varepsilon_F + \varepsilon_T)$ ou passives $(\varepsilon = \varepsilon_T)$, il est possible de compenser la température (montages b et c). Il est aussi possible de compenser la température et d'augmenter la sensibilité du pont en faisant travailler les jauges de manières actives mais opposées. La compensation n'est pas totalement parfaite à cause de l'effet du thermocouple existant entre un brin de jauge et un brin en cuivre. Compte tenu des moyens disponibles, pour avoir un dispositif fonctionnel dans un délai court, nous avons éliminé le montage en ¼ de pont. Pour le capteur de détection de la force 1D réalisé, nous avons utilisé deux jauges actives, l'une disposée de manière longitudinale et l'autre transversale sur l'appui, comme indiqué sur la Figure 1.23. Ainsi, nous avons disposé les jauges de contraintes dans un montage en demi-pont.

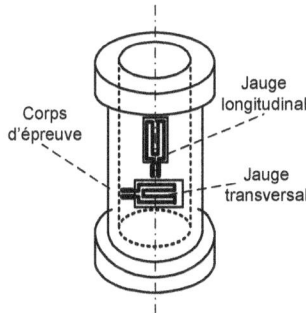

Figure 1.23. Capteur composite utilisant deux jauges de contraintes actives

Pour notre étude de mouvements, on peut toujours supposer que les mesures sont suffisamment rapides pour qu'une éventuelle dérive en température soit négligeable. Aussi, nous pouvons envisager d'éliminer ultérieurement les jauges de compensation de la température. Il suffit juste d'intégrer un système pour la remise à zéro après chaque essai.

1.4.2. Conditionnement des deux capteurs de force 1D et 3D

Les capteurs réalisés sont passifs, ils travaillent par variation d'impédance en fonction de l'effort appliqué. Cette variation est traduite sous la forme d'un signal électrique en associant au capteur un circuit de conditionnement.

Ce circuit sert à alimenter le capteur passif, à adapter son impédance et à améliorer le niveau du signal de sortie. Le circuit de conditionnement d'un capteur de force est constitué de trois principaux éléments :

- ✓ une tension de référence pour l'alimentation du pont de jauges ;
- ✓ un amplificateur d'instrumentation pour l'amplification différentielle, l'adaptation d'impédance, le réglage du gain, et la réduction des tensions en mode commun ;
- ✓ un circuit de filtrage ;
- ✓ un circuit de réglage de la tension d'offset.

Dans la première étape, nous allons présenter le rôle et la structure de chacun de ces étages. Dans une seconde étape, nous allons présenter les circuits que nous avons réalisé pour ces différents étages.

Rôle et structure des étages d'un conditionneur

a. *L'alimentation de référence Vréf :* Cet élément est indispensable pour l'alimentation électrique de tout montage à jauges de contraintes à cause du faible signale généré par le pont, vu que la variation de la résistance de la jauge sous l'effet d'une déformation est de l'ordre de $m\Omega$ voir $\mu\Omega$.

b. *L'amplificateur d'instrumentation :* Les amplificateurs classiques amplifient les tensions de mode commun avec le même gain que le signal utile représentant l'information issue du capteur, donc une amplification avec un gain définie risquerait de saturer l'amplificateur. Afin de remédier à ce problème, un amplificateur d'instrumentation est utilisé. La configuration la plus populaire d'amplificateur d'instrumentation est présentée sur la Figure 1.24 [Fra 97].

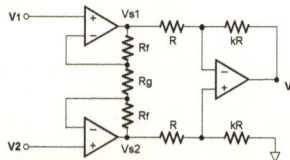

Figure 1.24. Schéma de principe d'un amplificateur d'instrumentation

31

Ce montage est composé de deux étages distincts : le premier assure l'adaptation d'impédance et permet le réglage du gain. Le deuxième réalise l'amplification différentielle en éliminant les tensions de mode commun. En supposant que les amplificateurs opérationnels idéaux et que la condition d'annulation du gain en mode commun est satisfaite, le gain en mode différentiel est exprimé par [Att 00]:

$$A_D = k\left[1 + 2\frac{R_f}{R_g}\right] \qquad (1.22)$$

on peut régler alors la valeur du gain, en agissant sur la résistance R_g.

en posons T la tolérance des résistances R et kR, on aura,

$$\left|A_{mc}\right|_{\max} = \frac{4.k}{(1+k)} \cdot T \qquad (1.23)$$

dans ces conditions, le taux de réjection en mode commun (CMRR) s'écrira,

$$CMRR\big|_{\min} = \frac{(1+k)(1 + 2R_f/R_g)}{4T} \qquad (1.24)$$

c. *Le filtrage* : dans une chaîne de mesure il faut prévoir d'utiliser un étage de filtrage actif pour isoler le signal utile et d'éliminer les fréquences de repliement spectral.

d. *Réglage du zéro (offset):* ce circuit permet d'éliminer par réglage les effets d'hystérésis mécaniques typiquement rencontrés dans les systèmes de mesures par extensométrie. Le circuit associé doit délivrer une tension qui s'ajoute à celle délivré à la sortie de l'amplificateur d'instrumentation, de sorte à maintenir une valeur nulle lorsque le capteur de force est au repos.

1.4.3. Réalisation du circuit de conditionnement du capteur de force 1D

Le schéma de la Figure 1.25 représente le circuit de conditionnement que nous avons réalisé pour le capteur de force 1D. Le circuit d'alimentation et le circuit de conditionnement réalisé sont présentés en Annexe A .1.

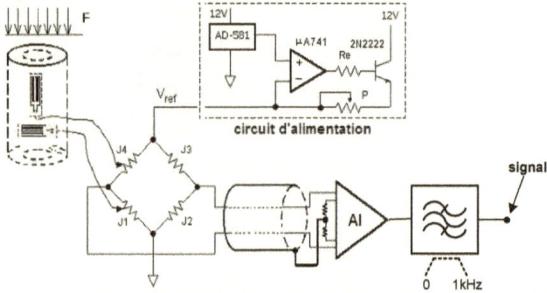

Figure 1.25. Principe du circuit de conditionnement du capteur de force 1D

Le circuit d'alimentation du pont de Wheatstone a été réalisé autour de l'AD581. Ce circuit, référence de tension est un composant de précision qui délivre une tension de 10.00 V et un courant maximal de 5mA. Ce courant, est très faible pour alimenter le pont de jauges, pour cela nous avons réalisé un montage à base du transistor 2N2219 permettant son amplification et un circuit intégré µA741 pour l'adaptation d'impédance. Le potentiomètre P est utilisé pour abaisser la tension au seuil de 3V requis pour l'alimentation du pont de jauges.

Le circuit d'amplification du signal issu du pont de Wheatstone a été réalisé autour de l'amplificateur d'instrumentation AD524, composant destiné aux travaux de précision et au conditionnement des faibles signaux. Ce circuit de grande performance, possède un taux de réjection en mode commun (CMRR) entre 80 et 120dB selon la valeur du gain et une tension d'offset de 60µV.

La structure choisit pour le circuit de filtrage est de type sallen-Key pour des raisons de simplicité et de stabilité ainsi que la possibilité de réglage du gain indépendamment du réglage de la fréquence de coupure. La synthèse est réalisé à l'aide du programme développé par Burr-Brown [Bru 93] avec un gain unité, une fréquence de coupure de 1kHz, des résistances : R_1 = 2,724KΩ, R_2 = 19,78 KΩ et des capacités : C_1=40nF et C_2 = 47nF.

33

Enfin, l'étage de réglage d'offset est réalisé autour d'un montage potentiométrique alimenté par une tension symétrique (± 12V) et d'un amplificateur opérationnel OP07 monté en amplificateur sommateur.

1.4.4. Réalisation du circuit de conditionnement du capteur de force 3D

Les signaux utiles délivrés par les trois ponts de Wheatstone, issus du capteur de force 3D réalisé sont de faibles niveaux et fortement bruités. Pour cela, il est primordial de choisir un amplificateur d'instrumentation. Ainsi, le circuit est réalisé à base de trois amplificateurs d'instrumentation AD622, assurant chacun d'eux le conditionnement du signal de sortie du pont correspondant. L'alimentation des trois ponts est assurée par le même circuit (référence tension) réalisé pour le conditionnement du capteur de force 1D. En outre, trois filtres passe-bas, selon la structure sallen-Key du deuxième ordre, ont été réalisés. Ces derniers, permettant chacun, de filtrer le signal issu du circuit de conditionnement correspondant. La fréquence de coupure choisie est de 1kHz. La Figure 1.26 représente le branchement et le circuit de conditionnement des jauges. Le circuit réalisé est présenté en Annexe A.1.

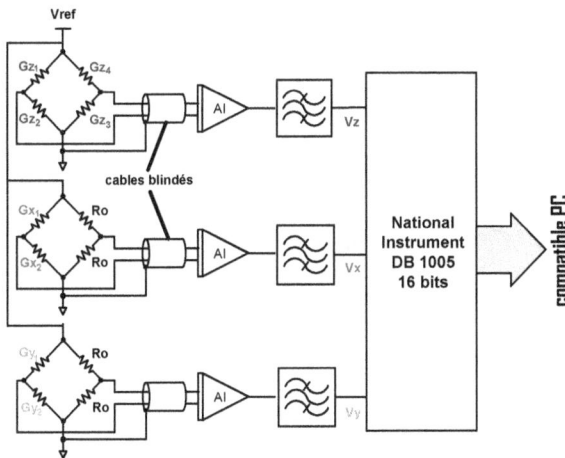

Figure 1.26. Principe du circuit de conditionnement du capteur de force 3D

1.5. ETALONNAGES DES CAPTEURS DE FORCES

L'étalonnage représente l'ensemble des opérations permettant d'expliciter sous forme graphique ou algébrique la relation entre des valeurs connues du mesurande et cel du signal de sortie du capteur en tenant compte de tous les grandeurs perturbatrices susceptibles de faire modifier la réponse du capteur. L'étalonnage est un procédé expérimental et la courbe d'étalonnage déterminée dans des conditions statiques est appelée caractéristique statique du capteur. C'est une droite pour un capteur linéaire et une courbe dans le cas non linéaire. En pratique, l'étalonnage est une opération délicate, qui nécessite des équipements spéciaux pour l'exécuter correctement. Dans ce qui suit, nous présentons l'ensemble des procédures et techniques d'étalonnages que nous avons effectué.

2.5.1. Etalonnage de la plate-forme de force 1D

2.5.1.1. *Etalonnage statique*

Dans ce cas, nous avons procédé à un étalonnage absolu sur la plate-forme de force 1D. L'étalonnage a été réalisé en appliquant des sacs remplis de sable que nous avons pesé au préalable pour une étendue de mesure allant de 0 à 200Kg. Pour chaque poids nous avons relevé la tension de sortie correspondante du circuit de conditionnement du capteur de force 1D. La Figure 1.27 représente le graphe de la caractéristique statique de la Tension-Force relevée. On note que la réponse statique du système de mesure de force verticale réalisé est linéaire. Le résultat de l'ajustement aux moindres carrés des points expérimentaux par une droite donnent : $Vs = V_0 + S.F$

avec, V_0 = -15,97mV; S = sensibilité du système = 0,792 mV/N

et un facteur de corrélation R qui vaut 0.998

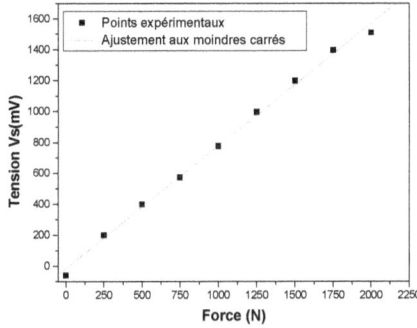

Figure 1.27. Caractéristique statique de la plate-forme de force 1D

1.5.1.2. *Etalonnage dynamique*

Les essais dynamiques ont pour but de déterminer la fonction de transfert de l'instrument ainsi que sa fréquence de coupure. Du point de vue mécanique, cela nécessite: une table à chocs, des générateurs dynamiques de vibrations …etc. Ces moyens n'étant pas disponibles, alors nous avons généré un échelon mécanique d'entrée, en soulevant brusquement une charge déposée sur la plate-forme de force 1D. La Figure 1.28, présente l'allure de la caractéristique dynamique Tension-temps relevée par notre plate-forme préalablement chargée par une masse de 50kg et que l'on a soulevé brusquement.

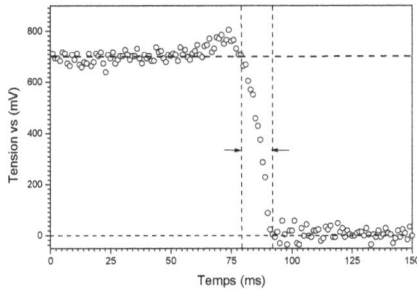

Figure 1.28. Caractéristique dynamique de la plate-forme de force 1D

36

A partir de cette courbe expérimentale, le temps de réponse du système réalisé (plate-forme et circuit de conditionnement) est estimé à 25ms. Dans notre cas, cette réponse dépend essentiellement de la vitesse de soulèvement de la masse. La valeur réelle probablement plus petite, pourra être obtenue avec un système d'étalonnage plus performant.

1.5.2. Etalonnage du capteur de force 3D

Pour réaliser ce test nous avons fixé le capteur au mur. Puis nous avons procédé à son étalonnage dans les trois directions.

1.5.2.1. *Etalonnage du capteur selon la direction de l'axe xox'*

La Figure 1.29, présente le capteur en position d'étalonnage selon l'axe xox' et les valeurs mesurées sont données sur la courbe de la Figure 1.30.

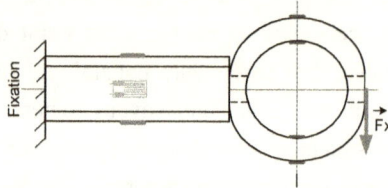

Figure 1.29. Fixation et position d'étalonnage selon l'axe xox'

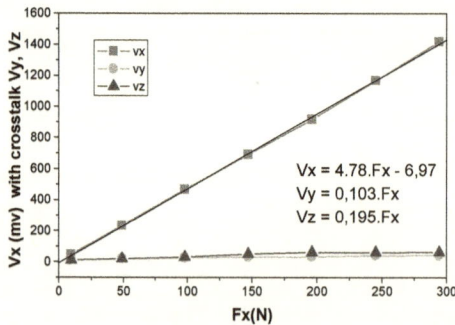

$$Vx = 4.78.Fx - 6,97$$
$$Vy = 0,103.Fx$$
$$Vz = 0,195.Fx$$

Figure 1.30. Caractéristique statique du capteur sous l'effet de la force F_X

D'après cette caractéristique, nous constatons bien que notre capteur est sensible à l'effort de cisaillement appliqué F_X selon la direction xox' et faiblement sensible aux deux autres directions.

1.5.2.2. *Etalonnage du capteur selon la direction de l'axe yoy'*

La Figure 1.31, montre le capteur en position d'étalonnage selon l'axe yoy' et les valeurs mesurées sont données sur la courbe de la Figure 1.32.

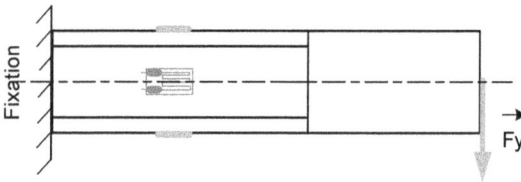

Figure 1.31. Fixation et position d'étalonnage selon l'axe yoy'

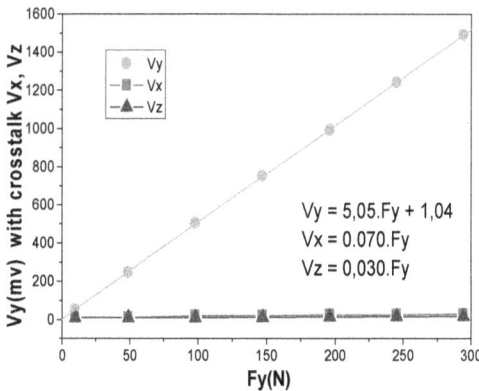

Figure 1.32. Caractéristique statique du capteur sous l'effet de la force F_Y

D'après cette caractéristique, nous constatons que notre capteur est sensible à l'effort appliqué F_Y selon la direction sollicitée et beaucoup moins sensible dans les deux autres directions.

1.5.2.3. *Etalonnage du capteur selon la direction de l'axe zoz'*

La Figure 1.33 présente le capteur en position d'étalonnage selon l'axe zoz' et sur la Figure 1.34 sa caractéristique d'étalonnage.

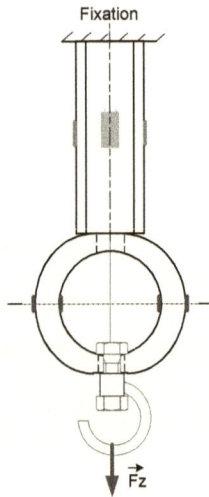

Figure 1.33. Fixation et position d'étalonnage selon l'axe zoz'

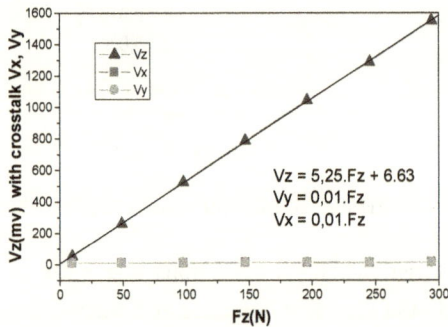

$$Vz = 5{,}25.Fz + 6.63$$
$$Vy = 0{,}01.Fz$$
$$Vx = 0{,}01.Fz$$

Figure 1.34. Caractéristique statique du capteur sous l'effet de la force F_Z

D'après cette caractéristique, nous constatons que notre capteur est sensible à l'effort appliqué F_Z selon la direction sollicitée et beaucoup moins sensible dans les deux autres directions.

1.6. CONCLUSION

Dans cette partie de notre travail, nous avons conçu et réalisé un prototype de plate-forme de force à base des capteurs de force 1D et 3D. Nous avons pu effectuer l'étalonnage statique et dynamique de la plate-forme de force 1D ainsi que l'étalonnage statique du capteur de force 3D. Les essais effectués sur la plate-forme de force 1D ont montrés que l'instrumentation électronique développée permet d'effectuer les mesures demandées et que la réalisation du capteur de force 1D répond parfaitement à l'analyse de la force d'appui au sol. De même pour le capteur de force 3D. Pour caractériser la plate-forme de force 3D, la procédure développée pour l'étalonnage des capteurs permet d'accéder aux caractéristiques statiques, et compte tenu des moyens disponibles l'étalonnage dynamique n'a pas pus être réalisé.

Chapitre 2

Systèmes d'aides en rééducation et posture du pied

Systèmes d'aides en rééducation et posture du pied

L'objectif de notre travail est de contribuer au développement des systèmes d'aides en rééducation et posture du pied, simple et accessible aussi bien technique qu'économique. Dans le future, ces outils doivent être utilisable dans la vie quotidienne et permettant d'obtenir des informations objectives et exploitables sur les paramètres descriptifs selon le mouvement étudié.

L'idée initiale est de concevoir un outil pour récupérer les informations que le pied était susceptible de donner lors d'un contact au sol.

Dans ce cadre, nous sommes arrivé à réaliser un nouveau capteur de force tactile pour des applications en biomédicale, basé sur l'utilisation des composants qui sont disponibles au marché local avec des prix raisonnables tout en proposant une facilité d'étalonnage et d'utilisation.

2.1. CONCEPTION ET REALISATION D'UN CAPTEUR DE FORCE TACTILE

Le capteur de force que nous avons conçu et réalisé est basé sur l'utilisation du capteur à Effet Hall combiné avec un aimant permanent. Ce capteur magnétique, on le retrouve dans des domaines aussi différents que l'informatique, l'automobile et l'avionique. Il est utilisé pour mesurer une position, une rotation, une vitesse angulaire...etc. Il est aussi utilisé dans le système de freinage ABS (Anti Blocage Système) [Rip 07]. En Annexe A.2, nous présentons un goniomètre à base de deux capteurs à effet Hall que nous avons conçu et réalisé au sein du LINS [Adn 05] et d'un capteur tactile que nous avons réalisé et placé sur une pince instrumentale pour des applications en robotiques .

2.1.1. Principe du capteur à Effet Hall

L'effet Hall a été découvert en 1879 par le physicien américain *Edwin Herbert Hall*. Son principe, repose sur l'apparition d'un champ électrique transversal qui engendre une différence de potentiel dans un métal ou un semi-conducteur parcouru par un courant électrique lorsqu'on l'introduit dans une induction magnétique. Le schéma de la Figure 2.1, résume ce principe. Le déplacement d'électron e à la vitesse v dans un champ électromagnétique subit une force F qui suit la *loi de Lorentz* :

$$\vec{F} = e \cdot \vec{E} + e \cdot \vec{v} \wedge \vec{B} \qquad (2.1)$$

On perçoit nettement la contribution de la part électrique de celle de la part magnétique. En absence de champ électrique E, cette force se réduit à :

$$\vec{F} = e \cdot \vec{v} \wedge \vec{B} \qquad (2.2)$$

La présence du courant et de l'induction magnétique dans le conducteur, engendre la création de la tension de Hall dont l'expression est :

$$V_H = K_H \cdot B \cdot I \qquad (2.3)$$

avec $K_H = -\dfrac{1}{n \cdot e}$: la constante de Hall, n : la concentration d'électrons, B : l'induction magnétique et I : le courant traversant le conducteur.

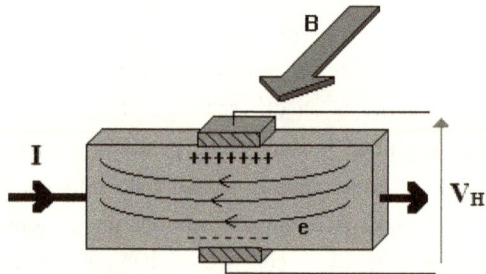

Figure 2.1. Principe de l'effet Hall

Jusqu' à la fin des années cinquante, l'effet Hall a été utilisé en recherche pour la détermination de la nature et la concentration des porteurs de charge présents dans un solide. Au milieu des années soixante, l'effet Hall commence ses premières applications dans l'industrie, puis dans le domaine informatique, automobile et avionique. Sur la Figure 2.2, nous montrons une photo d'une mini pince constituée essentiellement d'un capteur à élément Hall et d'un aimant permanant que nous avons réalisé au sein du LINS [Bou 07b], [Bou 08]. Cet instrument permet la quantification de la force de maintien d'un objet avec deux doigts (le pouce et l'index).

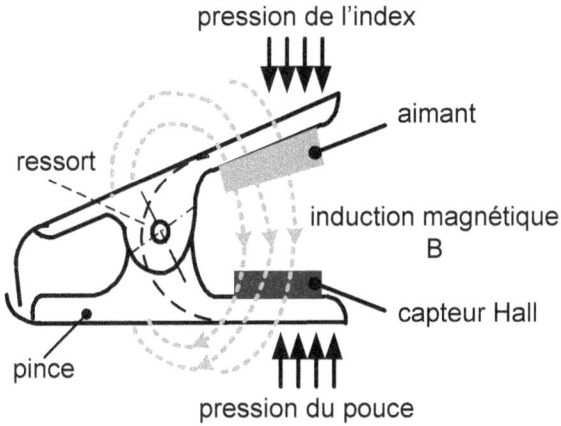

Figure 2.2.a. Principe de la pince instrumentale

Figure 2.2.b. Photo de la pince instrumentale

44

Cette idée innovante a permet de développer un nouveau capteur de force tactile que nous avons utilisé par la suite pour différents systèmes et applications en rééducation clinique.

2.1.2. Principe du capteur de force tactile

La Figure 2.3 illustre le schéma de principe du capteur de force tactile qui se compose essentiellement d'un capteur à effet Hall de type 'UGN3503' du constructeur *Allegro Microsystems*, et d'un aimant permanent d'induction B. La séparation des deux éléments est réalisée par un polymère élastique (remplaçant ainsi le système à pince) de la Figure 2.2.b.

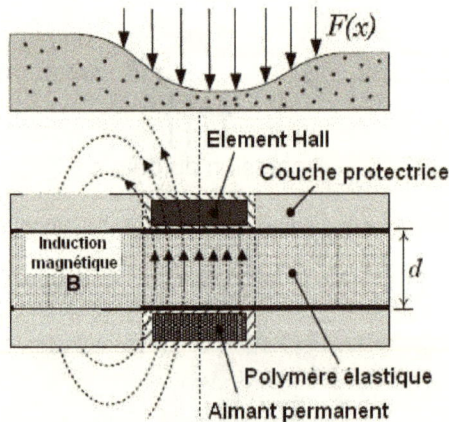

Figure 2.3. Schéma de principe du capteur de force tactile réalisé

Afin de tester la faisabilité du capteur réalisé, nous avons procédé comme suit :
- étude et analyse du matériau élastique;
- réalisation du capteur;
- conditionnement du capteur;
- étalonnage du capteur ;
- tests réels de faisabilité.

45

2.2. ETUDE ET ANALYSE DU MATERIAU ELASTIQUE

Plusieurs matériaux pour différents élasticités ont été testés au sein de notre laboratoire afin d'arriver aux meilleurs résultats. Parmi les quels :

- polymère que nous avons réalisé à base de 'polysiloxanes';
- mouse utilisé pour les tapis sourie des PC.

Pour notre étude, nous avons pris quelques échantillons de forme de rondelle de 1cm^2 de surface et de 5 mm d'épaisseur pour différents matériaux cités ci-dessus. Par la suite, nous avons procédé à l'étude de l'élasticité pour ces échantillons. Pour cela, nous avons utilisé un banc d'essai commercial *'Lutron FG-5000A'* permettant d'exercer une force de compression maximale de 50N. Le quel, nous avons adapté mécaniquement un autre instrument à haute résolution *'Digimatic Indicateur'* permettant la mesure du déplacement des différents échantillons sous l'effet de la compression avec une étendue de mesure de 0,01– 50mm. Sur la Figure 2.4, nous montrons une photo des deux instruments de mesures utilisés et l'échantillon en position de compression.

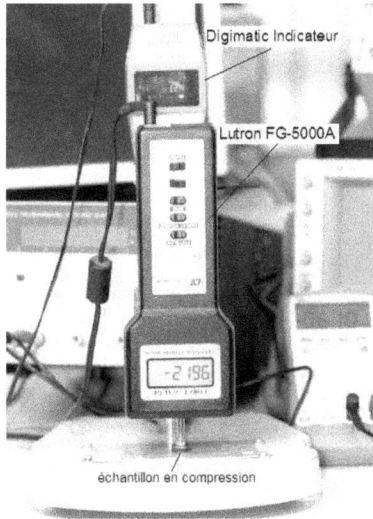

Figure 2.4. Bancs d'étalonnages utilisés

Sur la Figure 2.5, on donne les résultats de déplacement que nous avons obtenus sous l'effet de la contrainte pour deux échantillons de différents matériaux. D'après la caractéristique obtenue, la réponse de la mousse du tapie de sourie, est quasiment linéaire pour des déplacements inférieure à 2mm. Pour le matériau à base de 'polysiloxanes' la caractéristique est ajustée par une fonction exponentielle avec un coefficient de corrélation qui vaut 0.997 :

$$F = \beta + \alpha \times \exp(\delta x / k) \tag{2.4}$$

Une meilleure précision par un ajustement au moindre carrée de ce type de polymère est obtenue avec une équation polynomial d'ordre trois et un coefficient de corrélation qui vaut 0.999, avec :

$$y = F(\delta x) = a_0 + a_1 \cdot \delta x + a_2 \cdot (\delta x)^2 + a_3 \cdot (\delta x)^3 \tag{2.5}$$

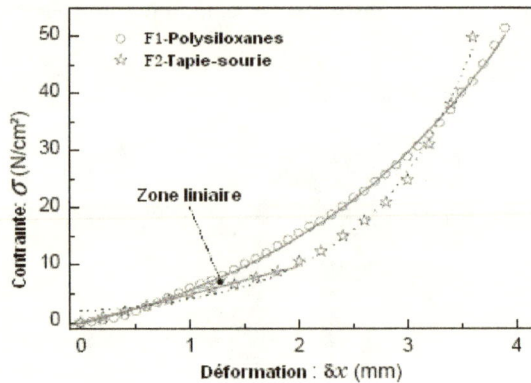

Figure 2.5. Calibration statique des deux échantillons choisis

Pour ce type d'élément de capteur, l'expression de la force appliquée en fonction de la déformation partielle δ_x est une fonction non linéaire, donnée par la relation suivante :

$$F_k = a_0 + a_1 . (\delta x_k) + a_2 . (\delta x_k)^2 + a_3 . (\delta x_k)^3 \tag{2.6}$$

2.3. REALISATION DU CAPTEUR DE FORCE TACTILE ET APPLICATION AU SAISI D'OBJET AVEC UNE MAIN

Après étude et analyse du matériau élastique, nous avons procédé à l'assemblage du premier prototype de capteur tactile réalisé à base du capteur à effet hall 'UGN3503', d'un aiment permanent circulaire et d'un polymère réalisé à base de *'polysiloxanes'*. Le capteur de force tactile réalisé est présenté sur la Figure 2.6.

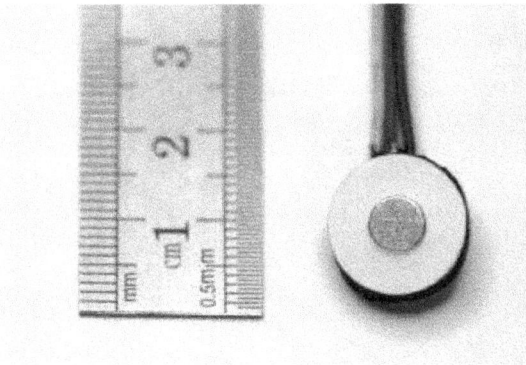

Figure 2.6. Prototype du capteur de force tactile

Pour l'application au maintien d'objet avec une main nous avons réalisé cinq capteurs identiques. Après conditionnements et étalonnages de ces capteurs, ils ont été testés dans un environnement réel.

2.3.1. Conditionnement des cinq capteurs

Les tensions de sortie des cinq capteurs sont amplifiées par cinq amplificateurs d'instrumentations de type 'AD 622'. Cet amplificateur a été choisie à cause de ses caractéristiques intéressantes telles que : une faible tension d'offset, un faible bruit, et un Taux de Rejection en Mode Commun 'CMRR' très élevé. Après amplification, les signaux sont injectés aux entrées de cinq circuits de filtrages de type Butterwoth du second ordre. Les signaux conditionnés sont transmis à un PC via une carte d'acquisition commercial (National Instrument *DaqBoard 1005*) que nous avons présenté en Annexe A.3.

48

2.3.2. Etalonnage statique des cinq capteurs

Pour effectuer la calibration de nos capteurs, nous avons procédé à un étalonnage statique pour chaque capteur. Dans cette optique, nous avons utilisé le même banc d'étalonnage qui nous a servit pour l'étude et analyse du matériau élastique décrit dans le paragraphe §2.2. La Figure 2.7 montre les cinq courbes obtenues. Les résultats des mesures de calibrations des cinq capteurs montrent que le profil de la variation de la tension en fonction de la contrainte est linéaire avec un affaiblissement de pente à partir de 10N/cm^2.

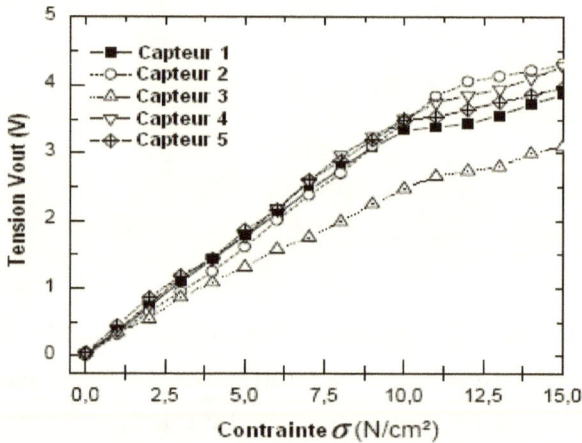

Figure 2.7. Courbes d'étalonnages Statiques obtenues

2.3.3. Test dynamique des cinq capteurs tactiles

Pour des expériences dynamiques, nos cinq capteurs tactiles ont été testés dans un environnement réel. En effet, ces cinq capteurs ont été placés sur les cinq doigts de ma main droite comme illustré sur la Figure 2.8. Les tests de force ont été effectués en saisissant une bouteille en plastique plein d'eau. Les signaux délivrés par les cinq capteurs tactiles après leurs conditionnements sont transmis au PC via la carte d'acquisition. La Figure 2.9, présente la réponse correspondante au maintien de la bouteille pour chaque doigt.

Figure 2.8. Capteurs tactiles placées aux cinq doigts

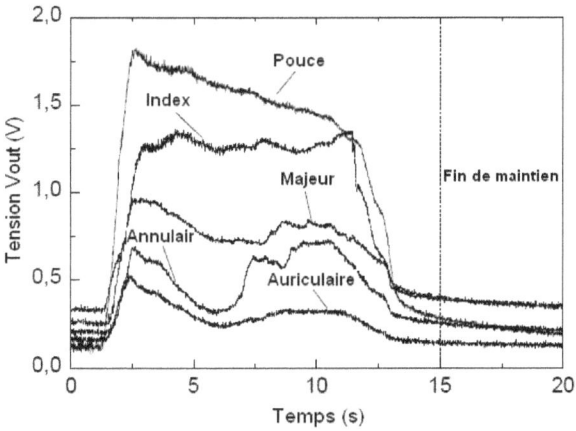

Figure 2.9. Signaux issus des cinq capteurs tactiles

Les résultats de cette expérience montrent que le changement dynamique de la force des doigts exercée sur l'objet affecte les cinq capteurs durant la phase de maintien. Le pouce, l'index et le majeur exercent une grande force de pression contrairement aux deux autres doigts. Cette observation est en concordance avec la biomécanique de la main et ce qui montre que ce système de capteurs est très bien adapté aux tests dynamiques [Att 08a].

2.4. REALISATION D'UNE SEMELLE INSTRUMENTEE DE CAPTEURS TACTILES ET APPLICATION AU REEDUCATION DE LA CHEVILLE

Partant de l'idée précédente, nous avons conçu et réalisé une semelle instrumentée de huit capteurs tactiles à élément Hall. Cette dernière, permettant la quantification de la force d'appui au sol lorsqu'elle est embarquée dans une chaussure ou placée sur un système de plate-forme.

La semelle instrumentale ainsi réalisée (Figure 2.10) est essentiellement constituée de deux sous semelles : une contenant huit capteurs à élément Hall, l'autre contenant huit aimants permanents. Ces deux sous semelles sont séparées par une semelle commerciale de 5 mm d'épaisseur que nous avons découpé avec les mêmes dimensions des deux sous-semelles. Elle est de nature plus rigide par rapport à celle utilisée pour la réalisation des cinq capteurs de force tactiles.

La localisation des logements des capteurs et les aimants correspondants était inspiré du système de sandale instrumental [Fan 06]. Deux capteurs sont placés sous le talon (calcanéum), deux sous le bord externe, trois sous la ligne formée par les têtes métatarsiennes et sous l'hallux (gros orteil). L'emplacement de ces capteurs permettrait d'obtenir huit zones de mesures des forces de pression d'appui au sol.

Le prototype de semelle a été préparé à partir d'une pointure 42 la plus couramment rencontrée. Les capteurs, préalablement câblés, et les aimants collés ont été insérés dans la semelle. Les signaux délivrés par ces capteurs à travers les câbles et après leurs conditionnements sont transmis au PC via la carte d'acquisition pour des traitements et analyses ultérieurs. Les huit signaux délivrés par la semelle instrumentale sont conditionnés par un circuit de conditionnement dans le principe est donné sur la Figure 2.11.

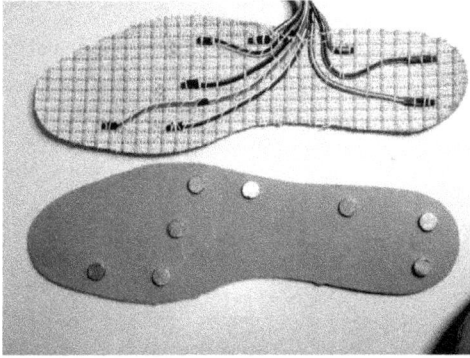

Figure 2.10. Photo de principe de la semelle instrumentale

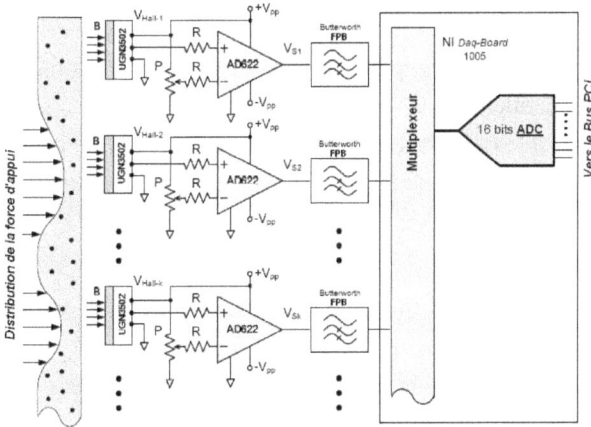

Figure 2.11. Schéma de principe du circuit de conditionnement

Le problème majeur qu'on puisse avoir pour ce type de semelle est la déformation de la sous semelle supérieur contenant les capteurs qui s'ajoute à la déformation principale de la mousse élastique séparatrice. En outre, si nous considérons la semelle que nous avons réalisé est modélisée partiellement comme le montre la Figure 2.12, la force appliquée aura une expression non linéaire en fonction de la déformation partielle δ'_x,

$$F_k = b_0 + b_1.(\delta x'_k) + b_2.(\delta x'_k)^2 + b_3.(\delta x'_k)^3 \qquad (2.7)$$

où la déformation total est la somme des deux déformations partielles, avec :

$$\varepsilon_k = \delta x_k + \delta x'_k \qquad (2.8)$$

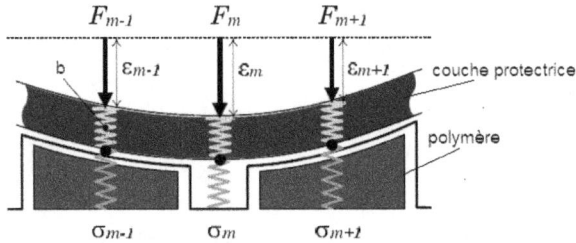

Figure 2.12. Modélisation partielle de l'effet de la force d'appui sur la semelle

Afin de linéariser la réponse du capteur, une routine de programmation a été proposée. Cette dernière, peut être implémentée après l'acquisition des signaux numériques. Une table contenant les coefficients d'interpolation quadratique doit être crée à partir des données d'étalonnages, [Att 04], [Dias 01]. Cette procédure peut être résumée comme suit [Att 08b],

- Début.
- Après conditionnement, filtrage et multiplexage les signaux sont numérisés.
- Création d'une table à partir des données d'étalonnages.
- Procéder à l'interpolation quadratique où la courbe passe par trois points : $(y_{k-1}, \delta x_{k-1}), (y_k, \delta x_k), (y_{k+1}, \delta x_{k+1})$

avec $\delta x = \delta x_k + (y - y_k)f[y_{k-1}, y_k] + (y - y_{k-1})(y - y_k)f[y_{k-1}, y_k, y_{k+1}]$ (2.9)

et
$$f[y_k, y_{k+1}] = \frac{\delta x_{k+1} - \delta x_k}{y_{k+1} - y_k}$$
$$f[y_{k-1}, y_k, y_{k+1}] = \frac{f[y_k, y_{k+1}] - f[y_{k-1}, y_k]}{y_{k+1} - y_{k-1}}$$
(2.10)

- Fin.

Pour tester le fonctionnement du système de mesure de force d'appui au sol, nous avons placé la semelle instrumentale sur un dispositif que nous avons développé. Ce dernier, est inspiré d'un système traditionnel utilisé pour la rééducation clinique de la cheville comme le montre la Figure 2.13. Sur la Figure 2.14, nous montrons la photo de principe de fonctionnement du prototype de rééducation clinique que nous avons développé au sein du LINS. L'objectif de cette technique, est de recueillir de nouveaux paramètres d'analyse utiles pour les spécialistes en rééducation. Ce qui permet une meilleure rééducation clinique en temps réduit. Sur la Figure 2.15, on a alors représenté les réponses correspondantes aux huit capteurs qui constitues la semelle durant un mouvement de rotation de la cheville du pied [Att 08b].

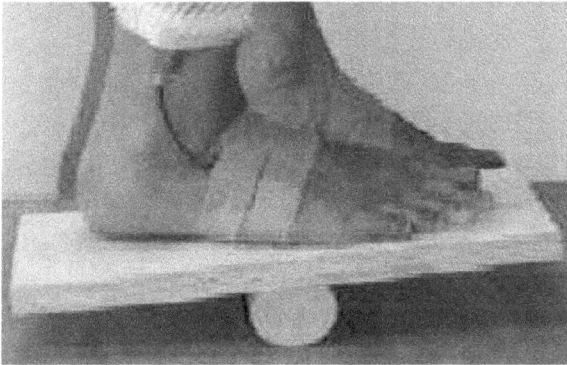

Figure 2.13. Système traditionnel utilisé pour la rééducation clinique de la cheville

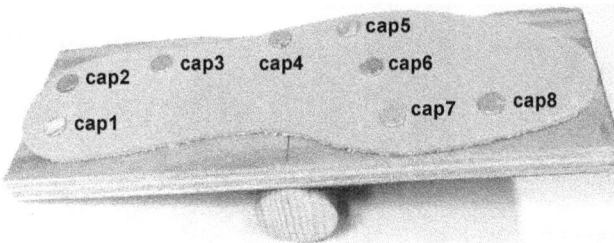

Figure 2.14. Prototype d'instrument de rééducation clinique de la cheville

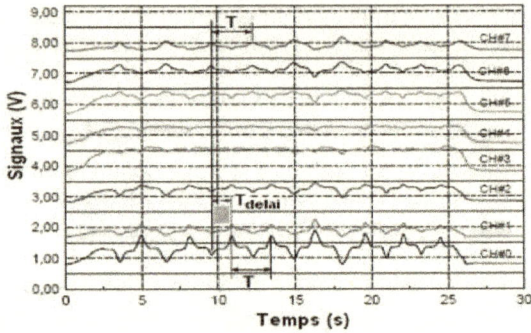

Figure 2. 15. Résultat d'enregistrement des huit capteurs

D'après ce test expérimental d'enregistrement d'une durée de 30s, nous remarquons clairement la différence d'amplitude qui existe entre les huit capteurs qui dépend de la distribution plantaire de la force d'appui. En outre, la durée T_{delai} définie entre deux pics d'enregistrements relatifs au premier et au huitième capteur, nous renseigne sur la vitesse et la stabilité de maintien de la personne sur un pied, aussi, la durée T_{flex} et T_{ext} nous renseigne sur la stabilité du mouvement de la personne durant le mouvement de flexion et d'extension du pied dans le plan sagittal (Figure 2.16). D'après, cet enregistrement, la durée T_{delai} vaut,

$$T_{delai} \approx \frac{1}{2}T_{flex} \approx \frac{1}{2}T_{ext} \qquad (2.11)$$

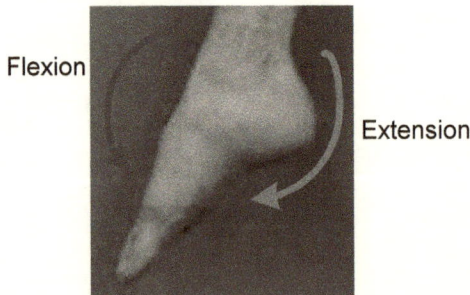

Figure 2.16. Principe du mouvement de rotation du pied dans le plan sagittal

55

2.5. REALISATION D'UN RESEAU DE CAPTEURS DE FORCE TACTILE

Le réseau de capteurs de force tactile que nous avons réalisé sous forme d'une matrice est composé essentiellement de 16 capteurs identiques à effet Hall de type 'UGN3503' séparés de 20mm l'un de l'autre pour éliminer le phénomène d'interférence. Les capteurs et les aimants sont séparés par un élastomère d'épaisseur de 5mm de même type utilisé pour le prototype de semelle instrumentale. Le circuit d'implantation du réseau de capteurs ainsi réalisé est donné sur la Figure 2.17. Les capteurs doivent être bien alignés en lignes et en colonnes et ils sont alimentés par la même source d'alimentation. Sur la Figure 2.18 nous présentons la photo du réseau de capteurs après assemblage.

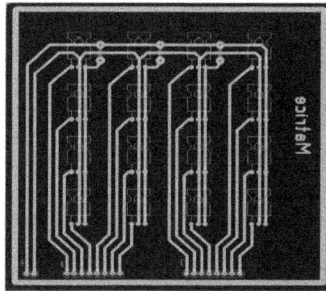

Figure 2.17. Circuit d'implantation du réseau de capteurs

Figure 2.18. Photo du réseau de capteurs après assemblage

Après la réalisation du réseau de capteurs nous avons procédé à son étalonnage.

2.5.1. Etalonnage du réseau de capteurs

L'étalonnage du capteur comprend l'ensemble des opérations qui permettent d'expliciter, sous forme graphique ou algébrique, entre les valeurs de la mesurande et celle de la grandeur électrique en sortie du capteur, et ceci en tenant compte de tous les paramètres additionnels pouvant modifier la réponse du capteur. Pour notre application, l'étalonnage est effectué de la manière suivante : nous avons appliqué des forces sur les aimants associés à chaque capteur du réseau comme nous l'avons illustré sur la Figure 2.19 à l'aide du banc de force à compression de type 'FG-5000A'. Ce dispositif est constitué d'une manette qu'on fait tourner à travers une vis sans fin.

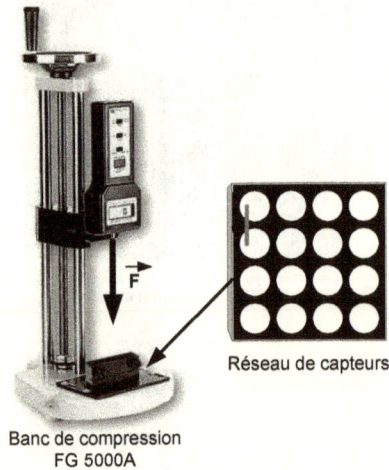

Banc de compression
FG 5000A

Réseau de capteurs

Figure 2.19. Principe d'étalonnage du réseau de capteurs

A partir du résultat d'étalonnage des seize capteurs, nous avons relevé sur le Tableau 2.1 la valeur de la sensibilité 'S' de chacun des capteurs ainsi que leurs facteur de corrélation 'R'. Le facteur de sensibilité de chaque capteur a été ensuite introduit dans le programme d'acquisition, permettant la conversion des tensions délivrées par le réseau de capteurs de forces.

57

	Capteur 1	Capteur 2	Capteur 3	Capteur 4	Capteur 5	Capteur 6	Capteur 7	Capteur 8
S (V /N)	0,2247	0,1411	0,1887	0,226	0,2171	0,2253	0,1876	0,2137
R	0,996	0.994	0.998	0.996	0.998	0.998	0.997	0.998
	Capteur 9	Capteur 10	Capteur 11	Capteur 12	Capteur 13	Capteur 14	Capteur 15	Capteur 16
S (V /N)	0,1821	0,223	0,2621	0,2192	0,218	0,1982	0,1902	0,2109
R	0.998	0.995	0.998	0.997	0.998	0.998	0.998	0.9994

Tableau 2.1. Les valeurs de sensibilité et le facteur de corrélation des seize capteurs

2.5.2. Réalisation du circuit de conditionnement et d'acquisition sur PC

Pour ce réseau de capteurs nous avons envisagé de réaliser une carte de conditionnement et d'acquisition des données sur PC géré par un microcontrôleur. Sachant que le réseau de capteurs est composé essentiellement de 16 capteurs à effet hall, pour cela nous avons opté pour un multiplexeur analogique de 16 voies. La première solution que nous avons envisagée est d'utiliser un multiplexeur analogique à deux sorties pour la même adresse afin d'améliorer la vitesse de la carte, mais le manque de disponibilité du circuit 'DG507A' d'Analogue Devices nous a poussé à utiliser deux multiplexeurs analogiques 'DG506A' à une seule sortie afin de ne pas limiter l'application de la carte et ainsi augmenter le nombre de capteurs à 32. Ce multiplexeur analogique de 16 voies est réalisé en technologie monolithique CMOS permettant la sélection d'une des 16 voies d'entrées à une sortie commune selon l'état des quatre adresses binaires et une validation. La sélection des voies (S1,... et S16) se fait grâce aux états des quatre commandes binaires (A0, A1, A2) et une validation EN. L'utilisation de ce type de multiplexeur lors des tests était satisfaisante, avec un temps de réponse très court. Ce qui permet de lui connecter les commandes du microcontrôleur sans se soucier de son temps de réponse.

Les signaux électriques issus des capteurs à effet hall ont généralement une étendue de mesure d'environ 1 volt et présentent un offset de 3 volts à la présence d'un aimant. Si l'on souhaite travailler avec une bonne précision, il est nécessaire de les amplifier. Mais cette amplification ne doit concerner que le signal utile en éliminant ces offsets. Pour ces raisons nous avons utilisé un amplificateur d'instrumentation. Suivant les performances et la disponibilité sur le marché, notre choix s'est porté sur l'AD622 que nous avons déjà utilisé. Son gain est déterminé à l'aide d'une résistance R_G connectée entre les pins 1 et 8. Pour n'importe quel gain arbitraire, R_G peut être calculé en employant la formule suivante :

$$R_G = \frac{50.5}{G-1}(k\Omega) \qquad (2.12)$$

avec R_G : la résistance en kΩ et G : le Gain désiré

Nous avons constaté que la variation de la tension du capteur à effet hall atteint un maximal de 1.02 volts, donc la valeur de la résistance doit être calculé de manière à avoir une tension qui ne dépasse pas les 5 volts à l'entrée du microcontrôleur, ce qui correspond à un gain de 4,88 pour une résistance R_G de 13KΩ.

Une fois que le circuit de conditionnement est réalisé, il reste à voir comment le gérer et obtenir ainsi la fonction désirée. Pour cette application nous avons utilisé un microcontrôleur qui joue un rôle très important dans l'acquisition numérique des données.

Les microcontrôleurs sont des composants programmables. Ils intègrent dans un seul boîtier l'environnement minimal d'un système à microprocesseur (l'UC, la RAM, E^2PROM+ADC). Ils sont présents dans la plupart des systèmes électroniques embarqués ou dédiés à une application unique. Il en existe de nombreux modèles différents et parmi les plus courants : le 8051 de Intel, le 68HC11 de Motorola...etc et les PIC de Microchip. Ces derniers contient un processeur à jeu d'instruction réduit (RISC : Reduced Instructions-Set Computer constitué de 35 instructions seulement). La série 16F contient de la mémoire "Flash", reprogrammable des centaines de fois. Les critères de choix du microcontrôleur sont les suivantes :

- ❖ être doté d'un minimum de pin pour simplifier au maximum la réalisation de la carte ;
- ❖ la disponibilité d'un convertisseur analogique /numérique intégré ;
- ❖ la rapidité d'exécution;
- ❖ une mémoire suffisante pour l'application envisagée ;

Pour cette application, notre choix a été porté sur le Pic 16F877A qui intègre un port série afin de pouvoir communiquer avec le port série du PC. Aussi, il dispose suffisamment des entrées analogiques nécessaires. Par ailleurs, l'espace mémoire important et la haute vitesse d'exécution rendent notre système rapide et fiable.

a. Caractéristiques générales du microcontrôleur 16F877A

Le microcontrôleur 16F877A possède 40 broches est intègre les différents modules :

❖ un convertisseur analogique numérique de 10 bits;
❖ un module de communication série et parallèle;
❖ 3 Timers intégrés;
❖ un module PWM (Pulse Wide Modulation) pour la génération d'impulsions à rapport cyclique variable;
❖ une mémoire FLASH de 8K mots;
❖ 256 octets de mémoire 'E^{2}PROM';
❖ 368 octets de mémoire 'RAM'.

En outre, il est cadencé par une horloge maximale de 20MHz et caractérisé par un jeu de 35 instructions et 14 sources d'interruptions.

b. Brochage du Pic 16F877A

La majorité des pins ont un double ou triple rôle. La fonction de chaque broche est fixée par la configuration du registre interne correspondant lors de la programmation. Les broches des ports d'entrées/sorties sont indépendamment configurables en entrée ou en sortie grâce au registre 'TRIS' de chaque port respectivement. La configuration des ports a été faite comme suit :

❖ **Port A :** les broches A0 et A1 ont été configurées en entrée pour recevoir les tensions issues des circuits de filtrages;
❖ **Port B :** il est configuré en sortie pour la gestion du multiplexeur;
❖ **Port C:** les broches C7 et C6 ont été configurées en entrée et en sortie respectivement pour la communication série de type RS232.

Après l'étude et la conception des différents étages de la carte de gestion et d'acquisition des signaux issus du réseau de capteurs de force, le circuit électronique que nous avons réalisé sous le logiciel Proteus 7.4 ; est représenté sur la Figure 2.20. Le circuit d'implantation est donné en Annexe A.1.

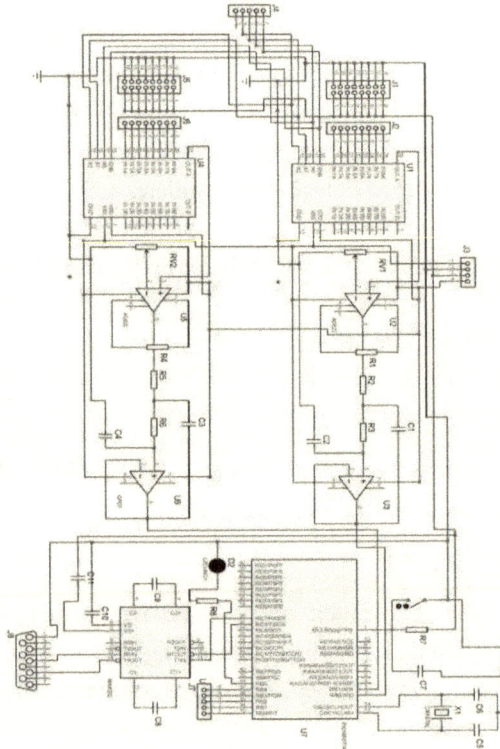

Figure 2.20. Schéma électrique de la carte de conditionnement et d'acquisition

Pour l'alimentation de la carte nous avons réalisé une alimentation qui délivre trois tensions. Elle a été réalisée autour de trois régulateurs de tensions. Deux circuits intégrés le 'LM7812' et le 'LM7805' pour une tension positive +5V et l'autre +12V, et le 'LM7912' pour une tension négative -12V. Le schéma électrique du circuit d'alimentation est représenté sur la Figure 2.21, et son circuit d'implantation est donné en Annexe A.1.

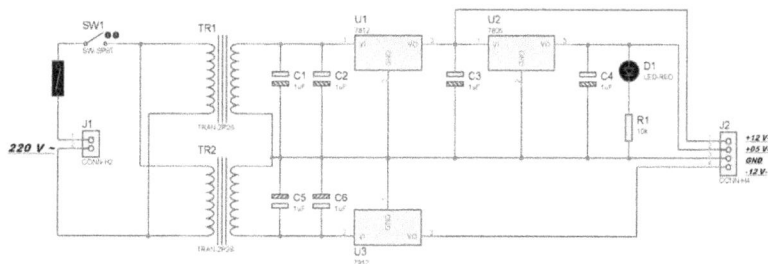

Figure 2.21. Schéma électrique du circuit d'alimentation

2.5.3. Développement du programme implémenté dans le PIC

Cette étape est destinée à écrire un programme qui sera implémenté sur le 'PIC' afin d'assurer le bon fonctionnement de la carte électronique. Le programme est écrit en 'MiKroC' puis converti en fichier '.Hex' et en fin chargé sur le 'PIC'. Il assure les fonctions suivantes :

❖ la sélection des voies analogiques;
❖ la conversion analogique/numérique des signaux issus des capteurs disponibles à l'entrée du convertisseur;
❖ la transmission des données vers le PC via le port série.

En phase de développement le programme subit plusieurs modifications, qui nécessitent de répéter les tests autant de fois. Pour économiser le temps et l'effort, nous avons recouru à une technique dite de *'BOOTLOADER'*. Cette technique, consiste à charger un programme permettant la configuration de la communication et le chargement du programme principal dans la mémoire du 'PIC'. Elle permet également, d'éviter le déplacement du composant vers un programmateur.

L'organigramme de la Figure 2.22, illustre les étapes nécessaires pour la conversion des données et leur transmission vers le 'PC', ou elles seront affichées en temps réel ou bien sauvegarder dans la base de données à l'aide de l'interface de gestion.

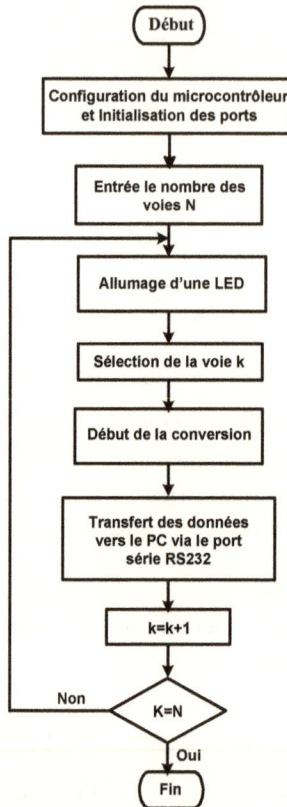

Figure 2.22. Organigramme de la conversion et la transmission
des données vers le PC

2.6. OUTIL DE DEVELOPPEMENT DE L'INTERFACE GRAPHIQUE

Afin d'assurer l'interfaçage de la partie hardware de notre réalisation avec le PC
via le port série, nous avons développé une interface graphique conçu à base du
logiciel 'Delphi 7'. Les principaux objectifs que nous nous sommes fixés d'atteindre
à travers cette interface sont les suivants :

❖ réception des données;
❖ séparation des données;

63

❖ faire correspondre les tensions calculées en forces;
❖ visualisation des signaux;
❖ enregistrement des données.

L'organigramme du programme de l'interface graphique est représenté sur la Figure 2.23.

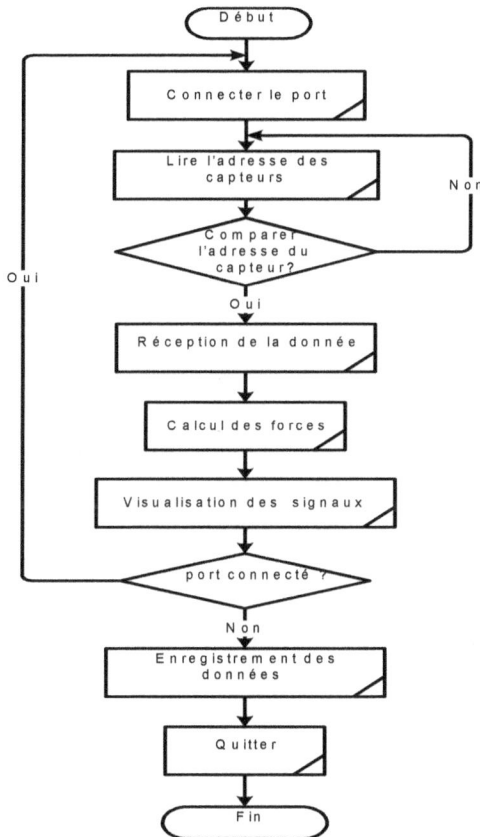

Figure 2.23. Organigramme de l'interface graphique

La Figure 2.24, présente la fenêtre principale de notre application. A partir de cette fenêtre on a accès à toutes les fonctions de l'interface.

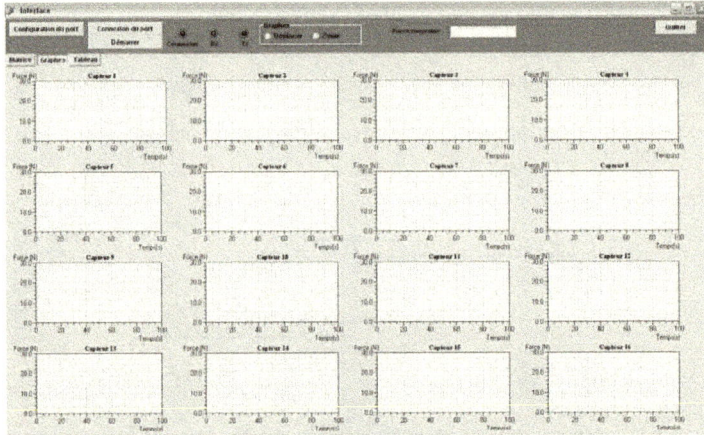

Figure 2.24. Fenêtre principale de l'application

Une fois que les signaux sont séparés et les amplitudes sont calculées, chaque signal est affecté à une grille bien déterminée. Afin d'enrichir cette application, nous avons conçu un réseau virtuelle composé de 16 afficheurs en code couleur, correspondants aux 16 capteurs. Chaque afficheur travaille indépendamment des autres et sa couleur dépend de l'intensité de la force appliquée sur le capteur associé. Nous avons ainsi défini une légende d'échelle montrant l'importance des forces, allant du vert pour les faibles amplitudes jusqu'au rouge pour les amplitudes élevées. En outre, nous avons ajouté un tableau de 16 colonnes permettant l'affichage instantané des différentes valeurs des forces issues des 16 capteurs de réseau. Sur la Figure 2.25, on donne la fenêtre principale du réseau de capteurs virtuelle. A partir de cette interface, l'utilisateur peut démarrer le système en cliquant sur le bouton « Démarrer ». Au moment de cette commande, le microcontrôleur ordonnera les deux multiplexeurs analogiques de lui transmettre les signaux venant du réseau. Comme il peut le faire arrêter en cliquant sur le bouton « Arrêter ».

Il peut également enregistrer les données sous format de fichier 'tableur Excel' pour mieux les exploiter et cela en cliquant sur le bouton « Enregistrer » comme il peut quitter l'application en cliquant sur le bouton « Quitter ».

65

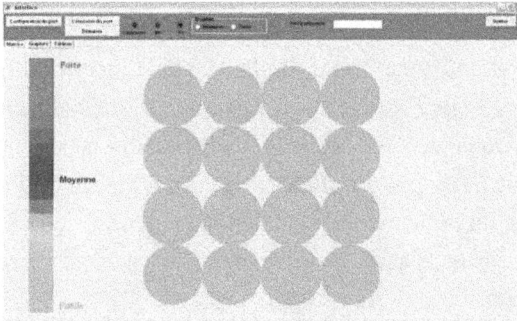

Figure 2.25. Fenêtre virtuelle du réseau de capteurs

2.7. TESTS EXPERIMENTAUX DU RESEAU DE CAPTEURS

Afin de tester le fonctionnement du réseau de capteurs nous avons réalisé au sein du LINS un banc d'essai motorisé permettant d'effectuer des tests statiques et dynamiques. La commande du circuit de puissance, la liaison série avec le PC, la conversion analogique numérique et l'acquisition des données sont gérés par un microcontrôleur le 'PIC 16F877A'; une interface sous Delphi7 permet la commande, la visualisation du graphe en temps réel et l'enregistrement des données. Sur la Figure 2.26, nous avons présenté le dispositif à réseau de capteurs ainsi que son banc d'essai.

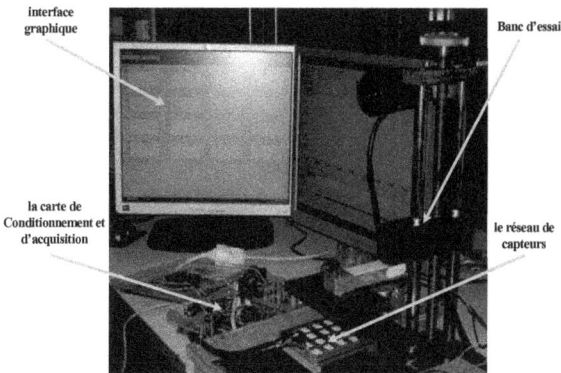

Figure 2.26. Réseau de capteurs de force et banc d'essai motorisé

66

2.7.1. Test en mode statique

Pour le mode statique, nous avons appliqué sur le réseau des forces durant un temps de 20s. La Figure 2.27 et la Figure 2.28 représentent respectivement l'acquisition d'une force de 100N et de 200N. Nous constatons que ces forces sont bien acquises mais réparties sur l'ensemble des capteurs d'une manière non homogène. Cela est dû principalement au non homogénéité de la force appliquée par la masse rigide du banc d'essai contrairement du pied qui représente une masse élastique (non rigide).

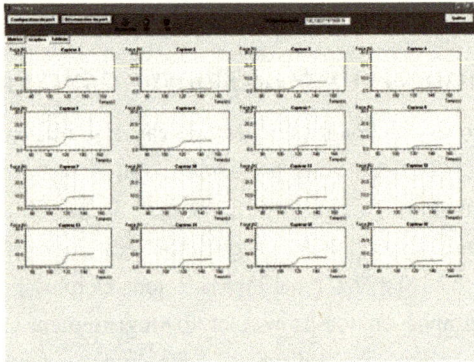

Figure 2.27. Acquisition d'une force de 100N en mode statique

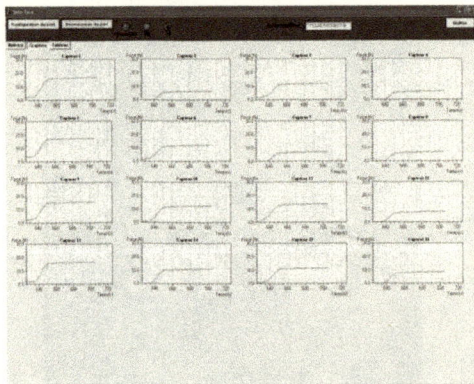

Figure 2.28. Acquisition d'une force de 200N en mode statique

67

2.7.2. Test en mode dynamique

Cette fois ci, nous avons appliqué une force sinusoïdale de 20 oscillations (périodes). La Figure 2.29 représente l'acquisition de la force. Nous remarquons que cette force est bien acquise mais toujours répartie sur l'ensemble des capteurs d'une manière non homogène comme nous l'avons expliqué précédemment.

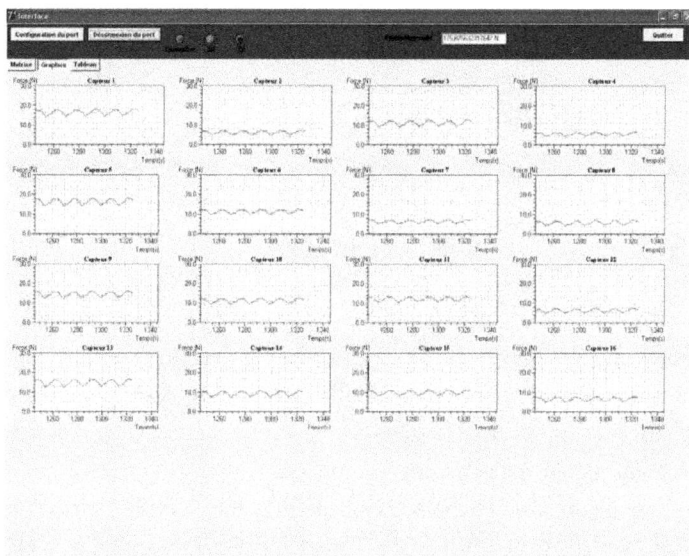

Figure 2.29. Acquisition d'une force de 200N en mode dynamique

Les résultats des tests expérimentaux effectués sur le réseau de capteurs, nous a permet de voir sa faisabilité pour l'analyse de l'empreinte du pied pendant une séance de rééducation. Néanmoins pour améliorer les performances du système, nous proposons l'utilisation d'un élastomère ayant une limite d'élasticité et un module de YOUNG assez important afin d'éviter le phénomène d'hystérésis ; la réduction des surfaces actives des aimants afin d'améliorer la résolution; l'utilisation d'une connexion USB pour améliorer la vitesse de transmission des données et enfin la disposition judicieuse du couple capteur-aimant pour avoir les mêmes offsets.

2.8. RECUEIL ET CONDITIONNEMENT DU SIGNAL EMG

Les mouvements des différents membres du corps humain sont contrôlés par des signaux électriques. Ces signaux ont pour origine le cortex cérébral et agissent au niveau des muscles qui se contractent en réponse à une stimulation ce qui à comme effet le développement d'une tension mécanique [Rea 06]. Le recueil du signal électrique au niveau du muscle peut nous renseigner sur la force et la puissance développée mais encore sur l'état du système locomoteur [Kle 98].

2.8.1. Conditionnement du signal EMG

Le signal brut recueilli à l'aide des électrodes de détection est inexploitable tel quel. Il est de faible amplitude ce qui le rend très vulnérable au bruit. D'autre part, l'énergie du signal est contenue dans une bande passante bien déterminée, les fréquences indésirables doivent être éliminées. Enfin, des protections doivent êtres incluses pour assurer la sécurité du sujet. L'exploitation du signal EMG ne se fait donc qu'après conditionnement du signal. Les principaux constituant de notre conditionneur sont tout d'abord un préamplificateur, vient ensuite le filtre qui permet d'éliminer les fréquences indésirables et enfin un amplificateur permettant une amplification du signal à un niveau exploitable. Sur la Figure 2.30, on donne le schéma synoptique du circuit de conditionnement réalisé dans le cadre d'un travail de recherche au sein du LINS [Mez 06]. Initialement cet instrument a été dédié au recueil du signal ECG. Nous avons apporté des modifications au niveau du circuit de filtrage afin qu'on puisse l'exploiter pour le recueille des signaux électriques relatifs aux activités musculaire (EMG).

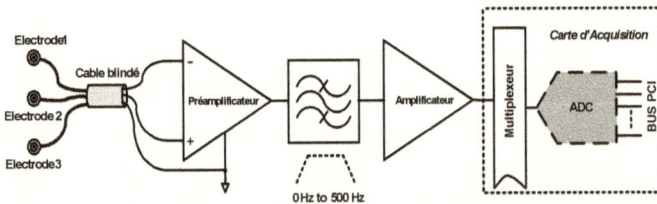

Figure 2.30. Schéma synoptique du circuit de conditionnement et d'acquisition du signal EMG

2.8.1.1. *Electrodes de détection*

Dans le cas du système de prélèvement développé, les électrodes utilisées sont de type Ag/AgCl, jetables, montrées en Figure 2.31.a. Elles sont de marques 3M et ARBO. Le câble reliant l'électrode au préamplificateur étant blindé, ce contact est assuré avec des pinces crocodiles, comme c'est montré en Figure 2.31.b.

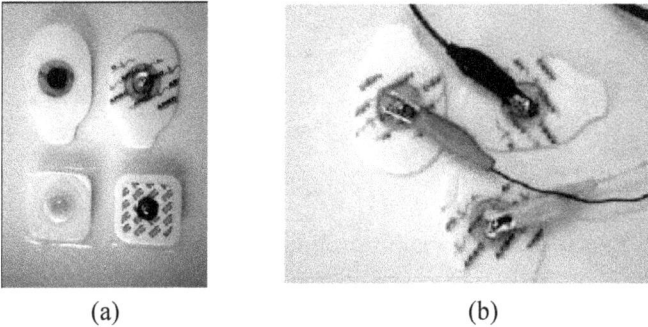

(a)   (b)

Figure 2.31. (a). Electrodes de types ARBO et 3M, **(b).** Pinces avec câble blindé

2.8.1.2. *Le préamplificateur*

Les spécifications requises pour un amplificateur bioélectrique sont : une faible densité de bruit (typiquement 100nV/Hz), une très grande impédance d'entrée (> 100 MΩ à 50 Hz) et un taux de rejection en mode commun supérieur à 120 dB. D'autre part, le préamplificateur EMG doit avoir une faible consommation en énergie afin de pouvoir utiliser des batteries pour l'alimentation. L'environnement de recueil du signal EMG est fortement bruité. Pour cela, l'amplificateur d'instrumentation est utilisé. Deux électrodes pour le prélèvement de l'activité musculaire sont reliées à ses entrées positive et négative, la troisième est reliée à la masse. Des résistances de protection ont été incorporées entre les électrodes et les entrées de cet amplificateur pour limiter le courant d'entrée. Ses principales caractéristiques sont :

❖ gain en tension programmable;
❖ impédance d'entrée : $10^9 \Omega$;
❖ taux de réjection en mode commun entre 80 et 120 dB selon la valeur du gain;
❖ largeur de la bande passante de 25Mhz;

70

Afin d'avoir un CMRR maximal de 120dB, le gain est fixé à 1000. L'ajustement du décalage par étalonnage est utilisé pour annuler toute tension de décalage de sortie, causée par une tension de décalage d'entrée. L'étage du préamplificateur réalisé à base de l'AD524 est donné en Figure 2.32.

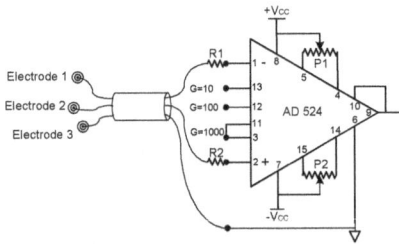

Figure 2.32. Préamplificateur réalisé à base de l'AD524

2.8.1.3. *Le filtrage et mise à niveau du signal*

L'énergie utile du signal EMG est comprise dans la bande passante 0-500 Hz; notre filtre est donc constitué d'un filtre passe haut avec une fréquence de coupure de 0,05 Hz et d'un filtre passe bas d'une fréquence de coupure de 500 Hz. Des spécifications sont à noter dans l'ordre des filtres utilisés, il est préconisé d'utiliser un filtre de deuxième ordre minimum dans le cas du passe haut et d'un quatrième ordre minimum pour le passe bas. Sur la Figure 2.33, nous présentons la configuration du filtre réalisé, le filtre passe bas est formé de deux cellules identiques de filtre du deuxième ordre. Les filtres sont actifs de configuration Butterworth, et de structure Sallen & Key utilisant l'amplificateur opérationnel OP07. Afin d'avoir un transfert maximal d'énergie, et une meilleure adaptation d'impédance, un amplificateur suiveur a été intercalé entre l'étage filtre passe haut et filtre passe bas. Le calcul des valeurs des éléments constituant le filtre se fait grâce à l'équation donnant la fréquence de coupure de chaque filtre. En outre, La tension du signal EMG brute varie de 0.1 mV à 10 mV (crête à crête), il est clair alors, que l'amplification introduite par le préamplificateur est loin d'être suffisante pour rendre le signal exploitable, c'est pourquoi nous avons amplifié le signal une seconde fois après le circuit de filtrage.

71

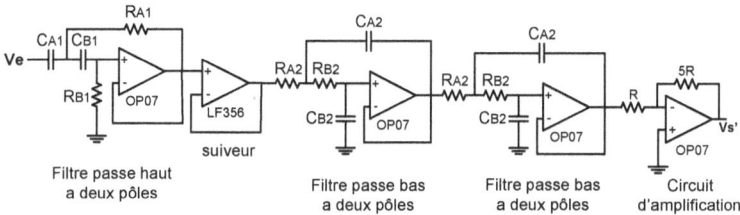

Figure 2.33. Circuit de filtrage et d'amplification

2.8.1.4. *Réduction du bruit*

La présence du bruit augmente les besoins de filtrage et de traitement du signal. Des méthodes analogiques existent et servent à minimiser ce bruit, tel que le blindage des câbles [Hem 00]. Les câbles servant à acheminer le signal EMG des électrodes de détection jusqu'à la carte de conditionnement doivent être blindés, le signal étant très faible risque d'être noyé dans le bruit ou tout simplement être très fortement affaiblis. Afin de limiter l'influence des bruits électromagnétiques on peut utiliser des câbles en paires torsadées ou des câbles de type coaxiale ou l'on relierait le blindage externe du câble à la masse ce qui à pour effet de protéger le circuit contre les bruits d'origines extrinsèques [Cha 93]. En outre, pour satisfaire à la protection du patient [Asn 98], notre circuit est alimenté par deux batteries ±12 V/1.2A. Dans l'Annexe A.1, on donne la constitution du circuit de conditionnement du signal EMG réalisé à base de l'instrument de recueil du signal ECG [Mez 06b].

2.8.1.5. *Validation de l'instrument EMG*

Pour tester la fonctionnalité du prototype d'instrument, nous avons réalisé quelques tests au sein du LINS. Parmi ces tests, la saisie du mini pince que nous avons décrit en paragraphe § 2.1. Cet instrument, nous a permet de quantifier la force de saisie des deux doits : le pouce et l'index, avec le recueil du signal EMG relatif à l'activité du groupe de muscles sollicité pour cette tache (AdP : Adductor Pollicis Muscle) [Kur 02] comme nous l'avons présenté sur la Figure 2.34. La Figure 2.35, montre le schéma de principe de l'acquisition sur PC via la carte d'acquisition (DaqBoard 1005) des deux signaux issus du capteur du mini pince et du circuit de

72

conditionnement de l'EMG. La Figure 2.36, montre la photo de l'expérience avec le positionnement des trois électrodes. La Figure 2.37 et la Figure 2.38 présentent les deux résultats d'enregistrements obtenus. Ces deux expériences, sont relatives au signal de sortie du capteur à effet Hall de la mini pince et de l'activité musculaire de l'AdP correspondant [Bou 07a], [Bou 07b].

D'après ces deux enregistrements, nous remarquons bien l'activité musculaire du groupe de muscle sollicité pour cette expérience, durant toute la phase de maintien du mini pince. Aussi, les résultats obtenus sont en concordance avec la littérature [Kur 02]. Ce qui montre le bon fonctionnement du prototype d'instrument. Néanmoins on remarque des pics de tensions qui sont dû principalement aux déplacements des pinces crocodiles reliant les trois électrodes lors du mouvement.

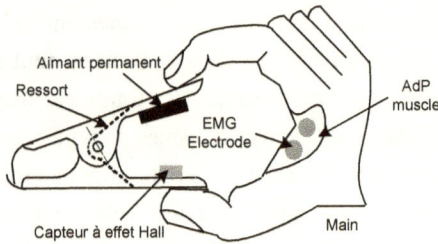

Figure 2.34. Principe de maintien du mini pince

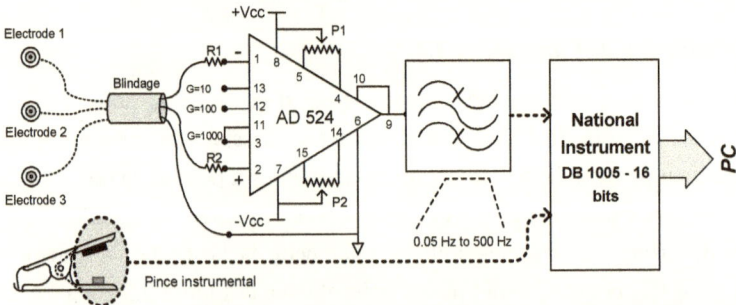

Figure 2.35. Schéma de principe de l'acquisition du signal EMG
et du mini pince sur PC

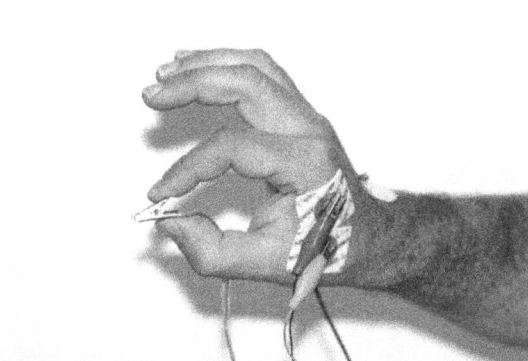

Figure 2.36. Photo du maintien du mini pince avec le positionnement des trois électrodes

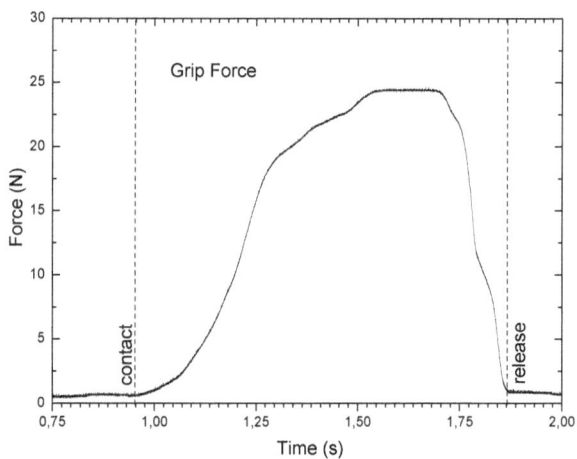

Figure 2.37.a. Enregistrement de la force de saisie pour la première expérience

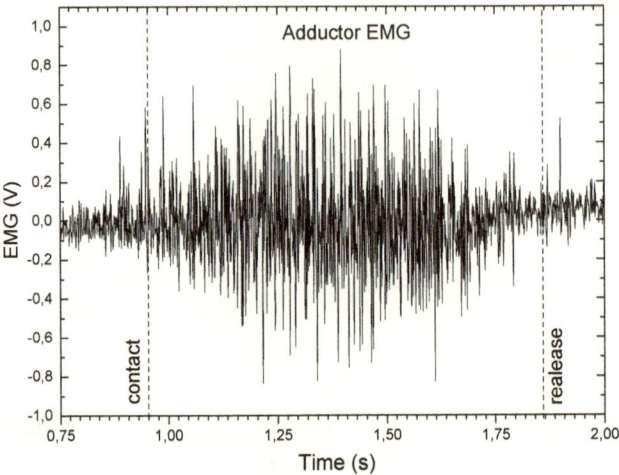

Figure 2.37.b. Enregistrement du signal EMG pour la première expérience

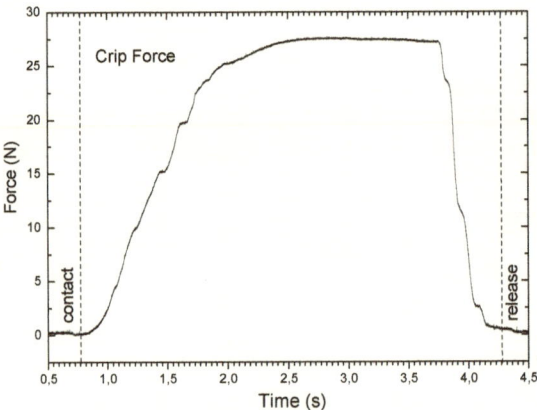

Figure 2.38.a. Enregistrement de la force de saisie pour la seconde expérience

75

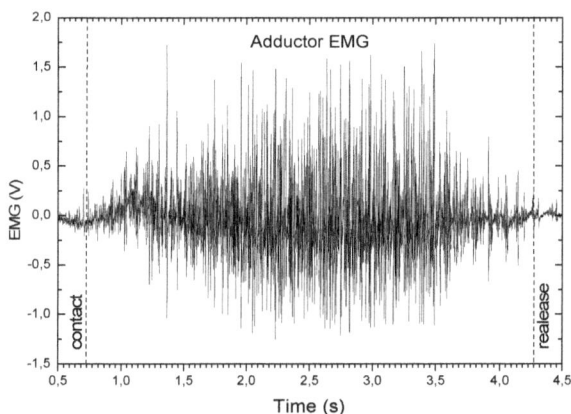

Figure 2.38.b. Enregistrement du signal EMG pour la seconde expérience

2.9. CONCLUSION

D'après les résultats obtenus des tests expérimentaux sur le capteur de force tactile. Nous concluons que cette solution est prometteuse et ouvre de nouvelles perspectives très intéressantes pour la mise en œuvre de systèmes d'aide en rééducation et posture du pied. Pour améliorer les performances du système, nous proposons l'utilisation d'un élastomère ayant une limite d'élasticité et un module de Young assez important afin d'éviter le phénomène d'hystérésis. Aussi les enregistrements de la force de saisie et de l'EMG ont montrés que l'instrumentation électronique développé permet d'effectuer les mesures demandées. La sensibilité des deux systèmes permet de suivre les faibles mouvements musculaires grâces à l'adaptation adéquate du conditionnement du signal [Bou 07a]. Néanmoins on remarque des pics de tensions du signal EMG qui sont dû principalement aux déplacements des pinces crocodiles reliant les trois électrodes lors du mouvement. Donc il faut prévoir de bon contact et fixation des câbles reliant les électrodes au circuit de conditionnement. Enfin, il serait intéressant de prévoir la mise en œuvre d'un système de recueil de plusieurs signaux EMG pour une meilleure analyse du mouvement du pied.

76

Chapitre 3

Techniques de mesure de force d'appui au sol

Techniques de mesure de force d'appui au sol

Dans ce présent chapitre nous présentons quelques techniques et applications de mesure de force que nous avons effectué au sein du LINS. Notre objectif, est de vérifier la faisabilité et la fonctionnalité de nos prototypes d'instruments qui peuvent servir comme outils de travail pour les chercheurs et rééducateurs dans le domaine sportif et clinique. Parmi les principaux intérêts de la plate-forme de force dans le domaine sportif, on peut citer :

- l'évaluation de la capacité physique des athlètes;
- l'orientation des pratiquants selon leur capacité physique;
- l'exploration maximale du potentiel de l'athlète;
- la recherche d'un haut niveau de performance;
- l'examen minutieux des champions;
- la sélection des jeunes talons selon leurs capacités.

En rééducation clinique les épreuves d'efforts réalisées avec la plate-forme de force et semelle instrumentale permettent:

- l'évaluation quantitative et qualitative de la force d'appui au sol en fonction des signaux biologiques tels que l'EMG aux niveaux des muscles des membres inférieurs;
- l'analyse de la stabilité du corps en position debout et en mouvement;
- l'étude du réflexe de certains patients;
- l'analyse du comportement des membres inférieurs sous l'effet de la stimulation des signaux physiologiques tels que l'EMG aux niveaux des muscles;
- suivie des personnes souffrantes de traumatismes neurologiques ou orthopédiques, en particulier les entorses de cheville;
- contribué à la conception et à la réalisation de nouvelles prothèses.

3.1. APPLICATIONS DE QUELQUES MOUVEMENTS SPORTIFS

3.1.1. Analyse temporelle et spectrale d'une détente verticale

Cette analyse a été effectuée pour deux enregistrements de détente verticale réalisée par un athlète qui s'est familiarisé avec le protocole de saut. Ce test de détente a été réalisé sur le premier prototype de plate-forme de force [Bou 03], [Bou 06]. La Figure 3.1 montre le principe du premier système de mesure d'effort d'appui au sol réalisé [Bou 99], sur le quel nous avons effectué des tests de détente verticale.

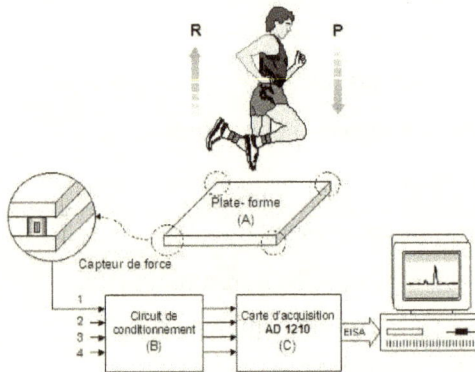

Figure 3.1. Premier prototype de mesure d'effort d'appui au sol

Au début, l'athlète est immobile sur la plate-forme de force. Le système enregistre la réponse dynamique du système avant le décollage. Ensuite, l'athlète exécute un saut vertical puis retombe à nouveau sur la plate-forme et essaye de revenir à sa position initiale. Typiquement, les phases successives du mouvement entier de saut sont décrites comme suit [Dub 94],

- Phase 1 (P1): initialement l'athlète est immobile sur la plate-forme. La force de réaction F_z enregistrée par l'instrument correspond approximativement au poids de l'athlète;

- Phase 2 (P2): fléchissement des jambes avec élévation des bras vers l'arrière. Cette phase correspond au mouvement accéléré impliquant une décroissance de F_z;

- Phase 3 (P3): l'athlète entame le mouvement de décente de ses bras entrainant une légère augmentation de F_z;
- Phase 4 (P4) : début de la phase du mouvement de poussé vers le haut, la force de réaction F_z est légèrement inferieur au poids;
- Phase 5 (P5) : phase du mouvement de poussé du corps vers le haut, la force de réaction enregistrée est plus élevée que le poids;
- Phase 6 (P6) : phase aérienne. Aucune partie du corps de l'athlète n'est en contact avec la plate-forme. L'effort enregistré est nul.

Sur la Figure 3.2, on donne les deux courbes d'enregistrements temporels obtenus pour deux sauts consécutifs.

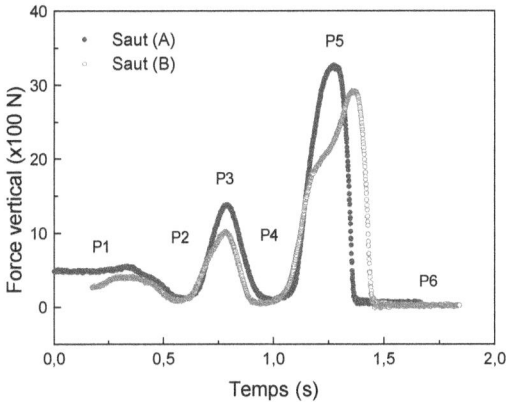

Figure 3.2. Courbes d'enregistrements des deux sauts

Le mouvement de saut est étudié exactement au moment de la prise de détente et d'atterrissage. L'impulsion qui précède la phase d'envol est très importante. Elle dépend de la souplesse et la mise en jeux des coordinations musculaires de l'athlète. Ce qui permet à l'athlète de sauter le plus vite, le plus haut et d'avoir une meilleure stabilité durant la phase d'atterrissage. Sur la Figure 3.3 et la Figure 3.4, nous présentons les deux signaux d'enregistrements obtenus durant la phase d'atterrissage des deux mouvements de sauts.

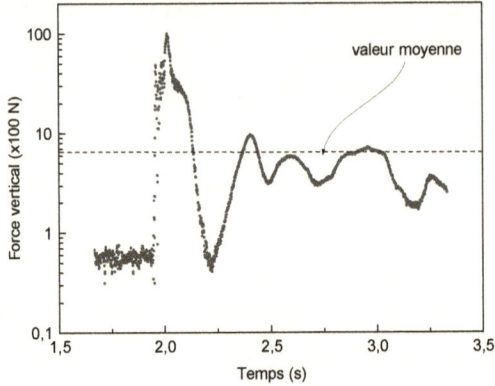

Figure 3.3. Evolution du signal de la phase d'atterrissage du premier saut (A)

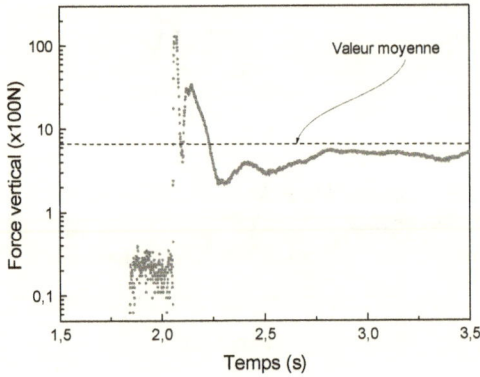

Figure 3.4. Evolution du signal de la phase d'atterrissage du second saut (B)

D'après l'évolution de la courbe du premier saut, nous observons une oscillation du signal enregistré durant la phase d'atterrissage. Ce qui correspond à une bonne stabilité du corps de l'athlète. Contrairement, au deuxième saut. Cela est dû à la différence d'exécution de l'impulsion (mouvement de poussée) qui précède juste la phase d'envol. La Figure 3.5 et la Figure 3.6, donnent les deux représentations spectrales correspondantes à la phase d'atterrissage des deux sauts.

D'après ces deux courbes, nous constatons que l'amplitude de la puissance spectrale aux bases fréquences du premier saut est légèrement plus élevée qu'au second. Ce qui correspond exactement à l'amplitude de la force au moment du mouvement de poussée (phase : P5) du premier saut qui est plus élevée. En outre, nous relevons de l'analyse spectrale du second saut, deux lobes, le premier est approximativement à 2Hz et le deuxième à 20Hz. Aussi, nous observons dans les deux courbes spectrales un bruit au de la de 200Hz qui est due principalement à la réponse dynamique du prototype de plate-forme et qui donne approximativement la précision de la mesure. A titre d'exemple sur la Figure 3.3 et la Figure 3.4, durant la phase aérienne du saut, il est possible d'observer une amplitude approximative de 20N. Cette dernière est due aux erreurs induites par la totalité de l'instrument. Ce qui correspond à une erreur relative de 0,2% de l'amplitude de l'impulsion au moment de l'atterrissage. D'autre part, si la sensibilité du système réalisé est correctement ajustée, il est possible à travers l'analyse spectrale de détecter certains fréquences d'activité musculaire ce qui ouvre de nouveaux perspectives cliniques en neurophysiologie [Yar 01].

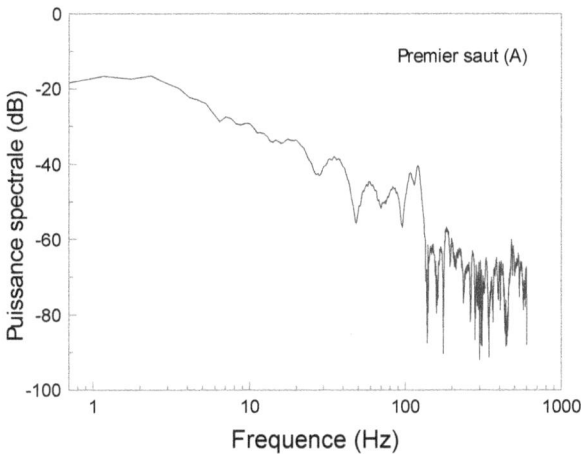

Figure 3.5. Puissance spectrale correspondante à la phase
d'atterrissage au premier saut (A)

82

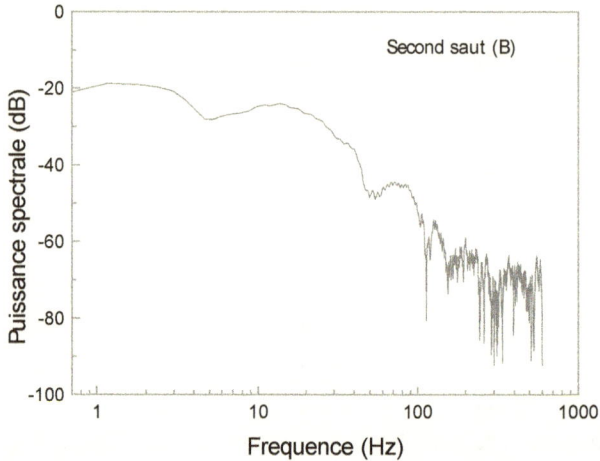

Figure 3.6. Puissance spectrale correspondante à la phase
d'atterrissage au second saut (B)

3.1.2. Test de détente verticale avec et sans oscillation des bras

D'autres tests de détente verticale avec et sans oscillations des bras ont été réalisés sur le premier prototype de plate-forme. L'objectif est de tester l'effet de l'oscillation des bras sur la hauteur maximal atteinte.

a. Test de détente verticale avec oscillation des bras

Ce mouvement a été réalisé par le même athlète et dans les mêmes conditions que le premier test de détente. Durant ce mouvement, l'athlète exécute un saut vertical avec oscillation des bras à partir d'une position immobile sur la plate-forme puis tombe sur le même dispositif et prend sa position initiale. Sur la Figure 3.7, on donne l'évolution de la courbe enregistrée lors d'une détente verticale avec oscillation des bras. A travers cette enregistrement, nous retrouvons les six phases décrites en paragraphe §3.1.1.

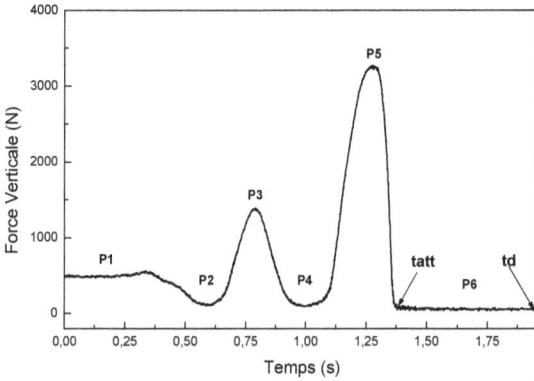

Figure 3.7. Enregistrement de la détente verticale avec oscillation des bras

b. Test de détente verticale sans oscillation des bras

Dans ce cas, le même athlète exécute le même mouvement de saut seulement cette fois il maintien ces deux main au niveau de sa hanche. Cette position, lui permet l'immobilisation de ses bras durant tout le mouvement. La Figure 3.8, illustre l'évolution de la courbe enregistrée lors de la détente de l'athlète avec immobilisations des bras.

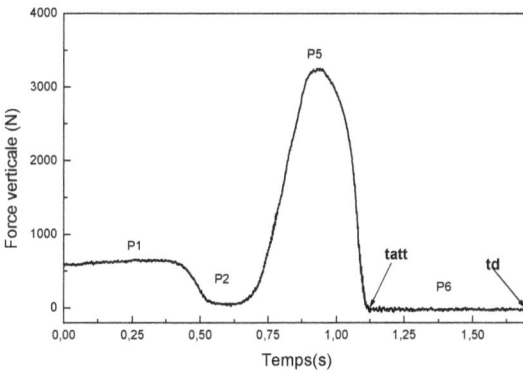

Figure 3.8. Enregistrement de la détente verticale avec immobilisation des bras

84

D'après cet enregistrement, nous constatons bien que la troisième phase (P3) du mouvement de saut est inexistante. Cela est dû à l'immobilisation des bras. Dans le Tableau 3.1 qui suit, on donne la différence de la hauteur maximale et initiale du centre de gravité de l'athlète atteinte durant un mouvement de saut avec et sans oscillation des bras. La valeur de la hauteur maximale atteinte par le centre de gravité est déduite à partir de l'expression [Han 98] :

$$h_{max} = \frac{1}{8} \cdot g \cdot t_{air}^2 \qquad (3.1)$$

avec : g = constante de gravité (9.81m/s^2) et t_{air} = temps cumulé en l'air (s)

Saut	t_d (s)	t_{att} (s)	Δh (cm)
Avec oscillations des bras	1.365	1.955	42.68
Avec immobilisation des bras	1.120	1.695	40.54

Tableau 3.1. Différence d'hauteur atteinte

t_d : temps de décollage ; t_{att} : temps d'atterrissage et Δh : différence de hauteur maximale et initiale du centre de gravité de l'athlète.

D'après ces résultats, on remarque bien l'importance de l'apport des bras dans un mouvement de saut, ce qui s'explique par la hauteur atteinte lors d'un mouvement de saut d'athlète avec oscillation de ses bras qui est plus importante.

3.2. DETENTE VERTICALE REALISEE SUR LE DEUXIEME PROTOTYPE DE PLATE-FORME DE FORCE 1D

Afin de tester la fonctionnalité du deuxième prototype de plate-forme de force 1D, nous avons effectué un test de détente verticale semblable à celui réalisé sur le premier prototype. La Figure 3.9, montre la chaîne de mesure de l'instrument. Elle est constituée principalement d'un capteur de force à base de deux jauges avec son circuit de conditionnement et une carte d'acquisition sur PC via le port PCI. Sur la Figure 3.10.a, on donne la courbe d'enregistrement d'un saut verticale réalisé par un athlète sur le deuxième prototype et en Figure 3.10.b, une courbe d'enregistrement recueillie de la documentation technique de la plate-forme de force commerciale de KISTLER.

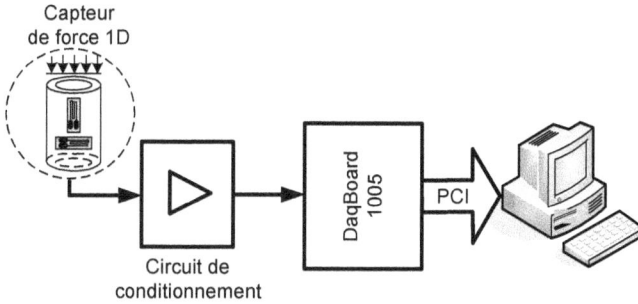

Figure 3.9. Schéma de principe du deuxième prototype de plate-forme de force 1D

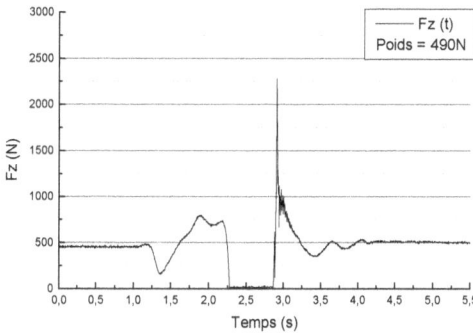

Figure 3.10.a. Enregistrement avec le 2eme prototype de plate-forme de force 1D

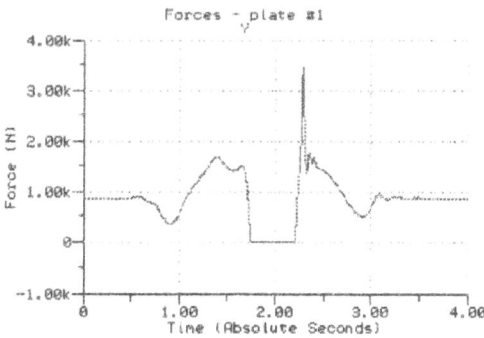

Figure 3.10.b. Recueil d'un enregistrement obtenu par la PFF de KISTLER

D'après ces deux enregistrements, nous remarquons bien que l'enregistrement obtenu ressemble au signal obtenu à partir de la documentation technique de la plate-forme commercial de KISTLER. La seule différence qui porte notre attention est le poids de la personne que nous avons sélectionné pour cet essai qui vaut 490N. Ce choix est effectué pour raison de sécurité des personnes, vue le dimensionnement réduis de la surface d'impact (36cm x 36cm) du deuxième prototype de plate-forme.

3.3. APPLICATIONS DE QUELQUES TECHNIQUES DE MESURE DE FORCE EN REEDUCATIONS CLINIQUES

Des essais pour la rééducation clinique ont été effectués sur un deuxième prototype de semelle instrumentale à base de capteurs à effet Hall. Ce prototype est semblable à celui déjà décrit en paragraphe § 2.4 du chapitre 2. Seulement il est composé de six capteurs au lieu de huit avec la prise en considération du bord interne de l'appui du pied.

3.3.1. Test de maintien de la stabilité au sol à travers la semelle instrumentale

Dans ce premier test clinique, nous avons effectué deux enregistrements correspondant à deux personnes ayant le même poids et même pointure du pied. Nous avons demandé à la personne de se maintenir debout sur un seul pied (yeux ouverts puis fermés) sur le prototype de semelle. Cette semelle de pointure 42, est constituée de six capteurs à effet Hall et six aimants disposés en six régions de la surface d'appui du pied. Ce choix de dispositions est effectué suivant les spécialistes en pathologie du pied [Zhu 90], [Zhu 91], [Zia 96]. Sur la Figure 3.11, on montre à travers une photo les six capteurs placés au six locations anatomiques de la surface d'appui du pied au sol. La localisation des logements des capteurs était la suivante : un capteur sous le talon (CAL : calcanéum), un sous le bord externe du pied (LP : zone latéral du pied), un sous le bord interne du pied (MP : zone médiale du pied), un sous la tête métatarsienne du petit orteil (LTM : latérale tête métatarsienne), un sous la tête métatarsienne du quatrième orteil (MTM : médiale tête métatarsienne) et un sous le gros orteil (HAL : hallux). En plus nous avons ajouté un enregistrement de l'activité musculaire au niveau du muscle soléaire par le système de recueil du signal EMG. La Figure 3.12, montre la photo du test réalisé et la fixation des électrodes au niveau du muscle 'soléaire' sollicité pour cette expérience.

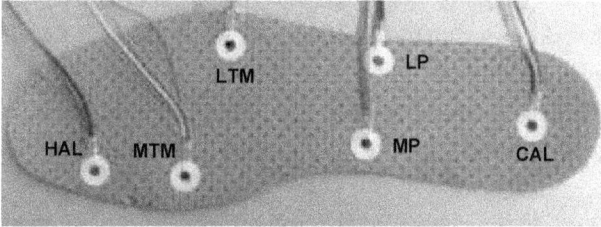

Figure 3.11. Les six localisations de logements des capteurs

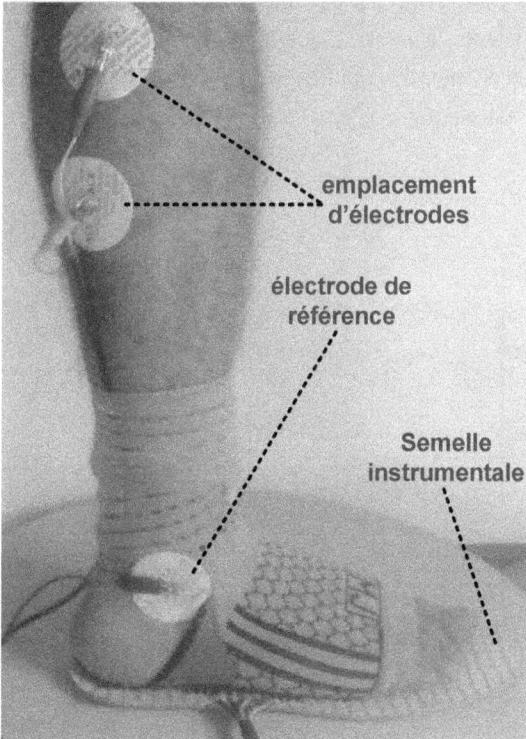

Figure 3.12. Photo d'une personne en position debout sur la semelle instrumentale avec l'emplacement des trois électrodes au niveau du muscle soléaire

La procédure de ce type de test est résumé comme suit : La personne se maintien debout sur la semelle et sur un seul pied en position de stabilité. Ces yeux maintenus ouvertes durant une quinzaine de seconde. Puis on lui donne l'ordre de les fermer jusqu'à la fin de l'enregistrement. La Figure 3.13 illustre les deux enregistrements obtenus pour ce type de test.

D'après ces deux enregistrements, on constate que le muscle soléaire est plus actif durant les deux phases d'appui au sol (yeux ouvertes puis fermées) pour la deuxième personne. Ce qui lui a permet une meilleure stabilisation durant sa phase d'appui avec yeux fermés qui se caractérise par une durée de maintien plus importante. Aussi on peut déduire de tels enregistrements que le degré de stabilité unipodal du corps est fonction de sa durée de maintien qui dépend de l'apport de la pression plantaire au sol et aux muscles sollicités pour ce type de test.

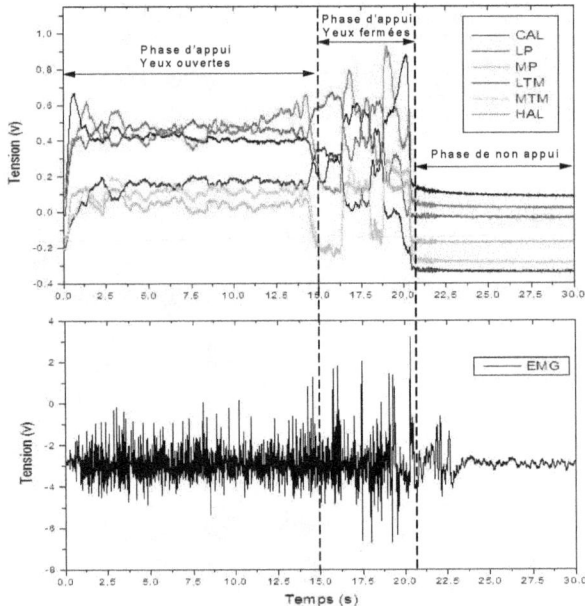

Figure 3.13.a. Courbes d'enregistrements d'appui au sol à travers la semelle avec l'enregistrement de l'EMG au niveau du soléaire pour la première personne

89

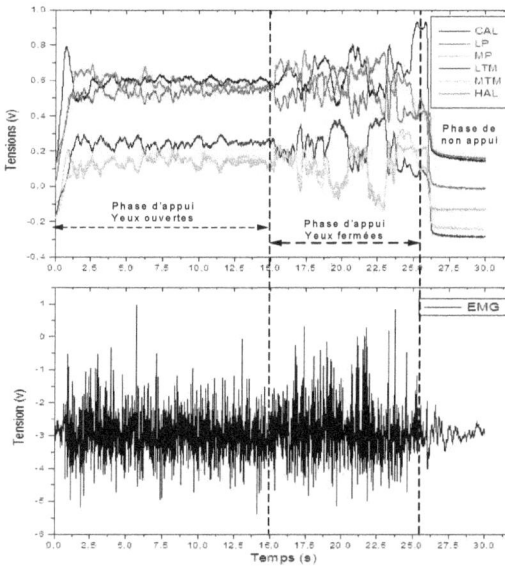

Figure 3.13.b. Courbes d'enregistrements d'appui au sol à travers la semelle avec l'enregistrement de l'EMG au niveau du soléaire pour la seconde personne

3.3.2. Test de maintien de stabilité sur une plate-forme instable

Un deuxième test de maintien de stabilité sur une plate-forme instable de FREEMAN a été réalisé au sein du LINS. Cette plate-forme est constituée d'une plaque d'impacte circulaire de diamètre 45 cm, fixée sur une demi-sphère de 7,5 cm de hauteur. Ce dispositif est très répondu en rééducation clinique des patients pour le test de maintien de la stabilité. Nous avons ajouté à cette plate-forme, le prototype de semelle à six capteurs placée au milieu de la plaque d'impact. Puis nous avons demandé à cinq personnes de sexe masculin et de $(75 \pm 2\text{Kg})$ de participé à ce type de test qui consiste à ce maintenir le plus longtemps possible sur un seul pied sur le dispositif de plate-forme à travers la semelle. La Figure 3.14, illustre le prototype d'instrument ainsi réalisé. La distribution de la pression plantaire pour chaque localisation des six capteurs est représentée par les cinq enregistrements, correspondants aux cinq personnes.

90

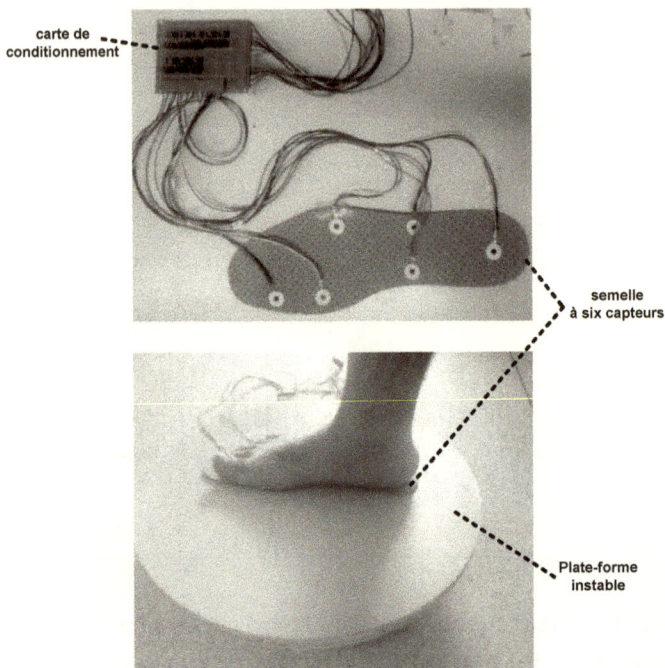

Figure 3.14. Prototype d'instrument de test de stabilité et rééducation de la cheville

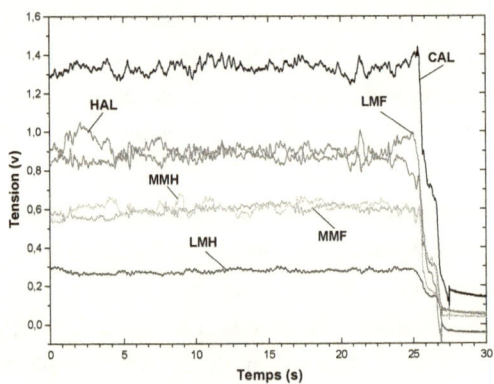

Figure 3.15.a. 1er Enregistrements

91

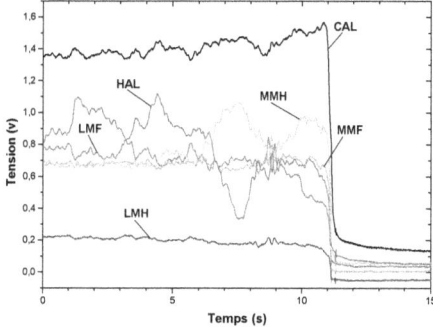

Figure 3.15.b. 2eme Enregistrements

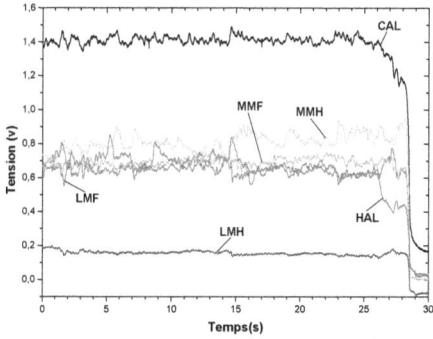

Figure 3.15.c. 3eme Enregistrements

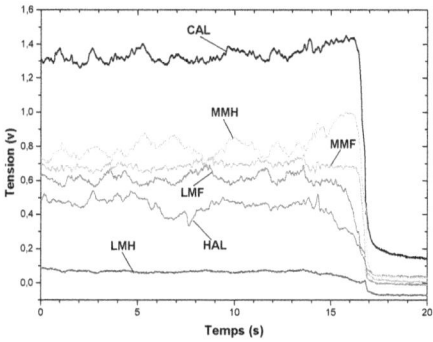

Figure 3.15.d. 4eme Enregistrements

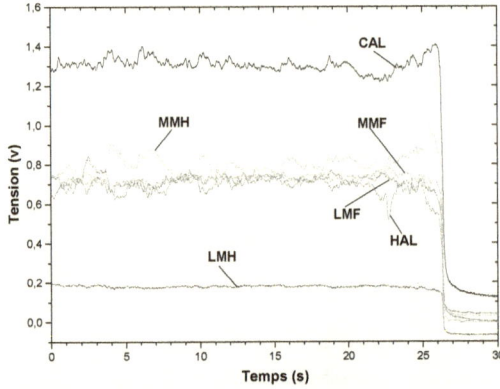

Figure 3.15.e. 5eme Enregistrements

D'après ces enregistrements, nous constatons bien la différence d'instabilité pour les cinq personnes. Cette instabilité est traduite par la différence de pression exercée sur les six capteurs et qui corresponde au changement du centre de pression. Ce changement dépend du déplacement du centre de gravité du corps. En outre, nous remarquons pour le deuxième et le quatrième enregistrement, des variations d'amplitudes plus importantes que les trois autres enregistrements. Ce qui ce traduit par un temps de maintien réduit sur la plate-forme (approximativement 11,33s pour le 2eme et 16,9s pour le 4eme). Sur le Tableau 3.2, on donne l'amplitude maximale des tensions V_{max} issues des six capteurs pour chaque enregistrement, ainsi que la durée temporelle de maintien T_m de la stabilité de chacun des cinq sujets. Cela, peut nous renseigner sur la capacité du sujet à se maintenir stable.

Sujets	Sujet 1	Sujet 2	Sujet3	Sujet4	Sujet5
T_m (s)	27,35	11,33	28,53	16,9	26,37
Localization du capteur	V_{max} (V)	V_{max} (V)	V_{max} (V)	V_{max} (V)	V_{max} (V)
CAL	1,44	1,56	1,48	1,44	1,40
LMF	0,99	0,84	0,77	0,69	0,76
MMF	0,64	0,79	0,75	0,75	0,78
LMH	0,30	0,23	0,19	0,08	0,19
MMH	0,68	1,06	0,94	1,00	0,99
HAL	1,05	1,11	0,85	0,54	0,84

Tableau 3.2. Tension maximale recueillie pour chaque location
des six capteurs pour les cinq sujets

3.4. CONCLUSION

Les résultats obtenus des tests de performance de saut d'athlète sur le premier et le deuxième prototype de plates-formes de forces montrent leurs bons fonctionnements. De même, le dispositif d'EMG et le prototype de semelle instrumentée de capteurs tactiles à élément Hall montrent la faisabilité de ces types d'instruments pour le contrôle de la posture et de l'équilibre d'une part et à la contribution au développement des techniques appliquées à la rééducation fonctionnelle d'autre part. Afin d'accueillir le maximum d'information concernant la pression plantaire d'appui au sol pour différents formes de la plante de pied, et la détection des défauts de maintien de la stabilité du corps nous proposons un système matricielle multi capteurs (Figure 3.16) dans le principe est identique au prototype de réseau de capteur que nous avons décrit dans le chapitre 2. En outre, pour une bonne résolution, il faut augmenter le nombre de capteurs. Aussi chaque capteur nécessite un circuit de conditionnement, cela entraîne une instrumentation électronique très encombrante. Pour remédier à ce problème, nous proposons l'utilisation des multiplexeurs avant l'acquisition sur PC. Enfin, pour avoir une meilleure flexibilité d'acquisition des données avec une grande résolution, nous proposons comme élément de détection, le capteur numérique programmable le HAL 800 [Att 08b].

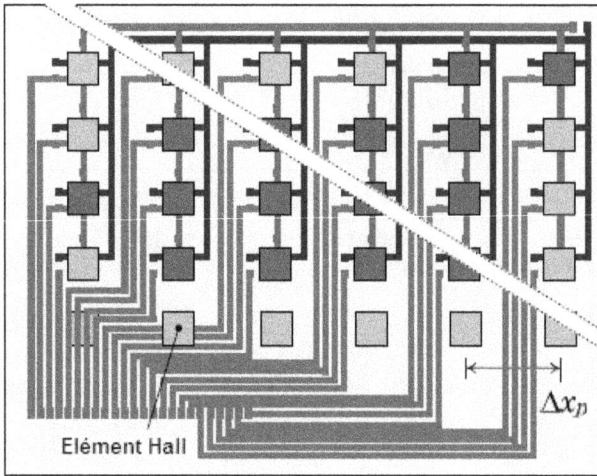

Figure 3.16. Conception du système matricielle multi capteurs à éléments Hall

Conclusions et perspectives ━━━━━━

1 Conclusions

Au terme de nos travaux, il apparait que la quantification de la force d'appui au sol intéresse beaucoup de chercheurs dans différents domaines, vue sa grande importance pour une bonne exécution d'un mouvement sportif ou clinique. Que ce soit en orthopédie, en biomécanique, en sport…etc, la quantification et l'analyse de la force ou la pression d'appui au sol nécessite des instruments technologiques de pointe onéreux à l'achat et à l'entretien. Pour palier à ces difficultés et à travers les systèmes développés dans le cadre de ce travail, nous avons apporté notre contribution dans différents domaines à savoir la rééducation et le sport. Dans cette optique, nous avons conçu et réalisé des prototypes d'instrument facile à mettre en œuvre, relativement léger, sans danger pour les utilisateurs et fait à base de composants disponibles et à faible coût. Les techniques de mesure de force effectuées sur le prototype de plates-formes de forces et semelles instrumentales ainsi que le dispositif d'EMG, montrent leurs bons fonctionnements.

1.1 Réponses à la problématique et travaux réalisés

Dans ce travail nous avons répondu à la problématique, à savoir l'application des techniques de mesure de force pour la conception des systèmes d'aides en orthopédie médicale et sportive.

Suite à la maîtrise des techniques de conception et de réalisation des capteurs de mesure de forces, les travaux décrits dans cette thèse ont aboutis:

- à la réalisation des capteurs de forces 1D et 3D avec leurs circuits de conditionnement analogiques ;

- à la réalisation d'une plate-forme de force 1D et 3D pour l'analyse de la performance de saut d'athlètes ;

- à la réalisation de deux prototypes de semelles instrumentées de six et de huit capteurs à élément Hall pour des applications en rééducation clinique de la cheville et l'analyse de la posture,

96

- à la réalisation d'un réseau de seize capteurs de force tactile à élément Hall avec son banc d'étalonnage motorisé pour des essais statiques et dynamiques ;

- au développement d'un dispositif de recueil de l'activité musculaire EMG.

1.2 Analyses critiques

Il est important malgré les résultats obtenus de critiquer nos travaux d'une façon constructive. Certains circuits analogiques réalisés sont à base des composants standard et discrets qui peut être améliorés en utilisant des circuits spécialisés tels que les MEMS. Aussi les structures mécaniques ont été réalisées par des machines à outils manuelles (tours, fraiseuse) et que pour une meilleure précision, cela nécessite des outils plus performants tels que les tours numériques...etc.

2 Perspectives

2.1 Perspectives à court terme

Comme perspectives, les premiers travaux qui s'imposent sont la réalisation d'une plate-forme instable à base d'un capteur de force 3D. Ce système permet le contrôle et la fortification des muscles du pied qui agissent au niveau de la cheville après un accident. Il s'adresse donc surtout aux sportifs qui pratiquent un sport physique contraignant au niveau de la cheville (course à pieds, football ...etc).

2.2 Perspectives à moyen terme

Au fur et à mesure que ce travail de recherche progressa, des possibilités nouvelles vont s'ouvrirent probablement sur de nouvelles voies de recherches qui méritent d'être explorées tels que :

- l'amélioration de la conception de base de la plate-forme de force 3D en incluant de nouvelles fonctionnalités avec une meilleure ergonomie ;

- la contribution à la réalisation d'une plate-forme de force active pour un diagnostique des patients souffrants des troubles de l'équilibre.

- Développement d'une station multi-capteurs à base des circuits FPGAs et la fusion des données multi capteurs afin de formuler un diagnostic clinique.

Références bibliographiques ━━━━━━

[Abu 96] Abu-Faraj. Z.O, Harris. G.F. and all, "*A Holter-type microprocessor-based rehabilitation instrument for acquisition and storage of plantar pressure data in children with cerebral palsy*," *IEEE Trans. Rehab. Eng.*, vol.4, pp. 33-38, Mar. 1996.

[Abu 01] Abu-Faraj. Z.O, Harris. G.F and Smith. Peter A., "*Surgical rehabilitation of the planovalgus foot in cerebral palsy*," *IEEE Trans. Neural.Sys and Rehab. Eng.*, vol. 9, No. 2, Jun. 2001.

[Adn 05] Adnane. M, **Boukhenous. S** et Attari, " Réalisation d'un goniomètre automatique pour la mesure angulaire de flexion et extension des membres inférieurs". Colloque Scientifique organisé par le Laboratoire des Adaptations & de la Performance Motrice L'INFS / STS de Dély-Ibrahim, Alger. 16 Avril 2005.

[Alv 07] Alvarez. Juan C, Gonzàlez. Rafael.C and al, " Multisensor approach to walking distance estimation with foot inertial sensing ", Proceedings of the 29th Annual International Conference of IEEE EMBS, Lyon, France, pp 5719-5722, Aug 23-26, 2007.

[Asc 99] Asch. G, '*Les Capteurs en Instrumentation Industrielle*', Dunod, 1999, 815 p.

[Asn 98] AS/NZS 3200.1.0:1998, '*Medical Electrical Equipment, Part 1.0 : General requirements for safety-Parent Standard*', Australian/New Zealand Standard, 1998.

[Att 00] Attari. M," *Instrumentations et capteurs*", Support de cours, USTHB, 2000, 89 p.

[Att 04] Attari. M, "Correction Techniques for Improving Accuracy in Measurements, State of the Art," *International Conference on Computer Theory and Applications*, ICCTA/2004, Alexandria, Egypt, September 2004.

[Att 08a] Attari. M and **Boukhenous. S**, "A Tactile Sensors Array for Biomedical Applications". 5th International Multi-Conference on Systems, Signals and Devices, IEEE-SSD'08, ISBN: 978-1-4244-2206-7, Amman, Jordanie, Juillet 20-23, 2008.

[Att 08b] Attari. M and **Boukhenous. S** , "Two-Dimensional Discretized Sensing Elements for Foot Reaction Stress Recovering". ICCTA-2008, Alexandria, Egypt, Oct 2008.

[Avr 85] Avril. J. '*Encyclopédie d'analyse des contraintes*', Micromesures, Paris, 1985, 534 p.

[Ben 94] Benda. B.J, Riley. P.O, and Krebs. D.E "*Biomechanical Relationchip Between Center of Gravity and Center of Pressure During Standing*". IEEE Trans. Rehabilitation Eng, Vol.2, No. 1, pp 3-10, Mar 1994.

[Beg 00] Begg. R.K and Rahman. S.M, "*A Method for the Reconstruction of Ground Reaction Force-Time Characteristics During Gait from Force Platform Recordings of Simultaneous Foot Falls*," IEEE Trans. Biomed. Eng., vol. 47, no.4, pp 547-551, 2000.

[Bou 98a] **Boukhenous. S**, Ababou. N. et Attari. M, "Conception et modélisation d'une plate-forme dynamométrique à base de jauges de contraintes ", MCEA'98 Conférence méditerranéenne sur l'électronique et l'automatique, Marrakech, Sep 1998.

RÉFÉRENCES BIBLIOGRAPHIQUES

[Bou 98b]**Boukhenous. S**, Ababou. N. et Attari. M, "Modélisation d'une plate-forme de force a application en biomécanique ", ICEL'98, 1er Conférence Internationale sur l'électrotechnique UST Oran, Vol. 1, pp 112-114, Oct 1998.

[Bou 98c]**Boukhenous. S**, Ababou. N, Attari. M. et Hanifi. R, "Réalisation d'une plate-forme de force utilisable en biomécanique ", CNPA'98, 3eme congrès national de la physique et ses applications. Oran, Oct 1998.

[Bou 98d]**Boukhenous. S**, Tougaoua. L, Ababou. N. et Attari. M, *"Mesure de la composante verticale de la force d'appui au sol d'un athlète "*, *Algerian Journal of Technology*, OPU Publisher, ISSN : 1111-357X, COMAEI'98, 3eme conférence Maghrébine d'automatique, d'électrotechnique et l'électronique industrielle. Béjaîa, pp 148-151, Déc 1998.

[Bou 99] **Boukhenous. S**, " Conception et réalisation d'une plate-forme de force : Application en Biomécanique", Thèse de magister en électronique, USTHB, Juin 1999, 124 p.

[Bou 00a]**Boukhenous. S**, Ababou. N et Attari. M, " *Conception et Réalisation d'un dispositif pour la mesure de force en pesée industrielle,"*. First Instrumentation and Mesurement Conference in Petroleum Applications, IMPAC/ 2000, Boumerdès, Algeria, ISSN 1112-3001,pp. 204-206, October 2000.

[Bou 00b]**Boukhenous. S**, Attari. M et Ababou. N. " Conception et Réalisation d'un dispositif de mesure d'efforts d'appuis au sol ". ICEL ' 2000, 2eme Conférence Internationale sur l'Electrotechnique, USTO, Oran, pp 348-351, 13-15 Nov, 2000.

[Bou 03] **Boukhenous. S**, Attari. M and Ababou. N, "A strain gauges platform for vertical jumping study, " Seventh International Symposium on Signal Processing and its Applications, IEEE-ISSPA/2003, Paris, France, IEEE Catalog Number 03EX714, ISBN 0-7803-7946-2, vol. 2, pp. 13-16, July 2003.

[Bou 04] **Boukhenous. S**, Attari. M and Ababou. N, " Dispositif pour caractériser la performance de la détente verticale, ".Colloque scientifique International sur l'évaluation et l'observation assistées par les technologies de l'information et de la communication en sport de haut niveau, Algérie, Octobre 2004.

[Bou 05a]**Boukhenous. S**, Attari. M and Ababou. N, "An Accurate Force Sensor Suggested As A Device Based Force Platform," in IEEE International Conference on Systems, Signals & Devices, SSD/2005, ISBN: 9973-959-01-9, Sousse, Tunisia, Vol. 4, March 21-24, 2005.

[Bou 05b]**Boukhenous. S** et Arkoub. A, " Réalisation d'un logiciel d'analyse du mouvement de saut". Colloque Scientifique organisé par le Laboratoire des Adaptations & de la Performance Motrice L'INFS / STS de Dély-Ibrahim, Alger. 16 Avril 2005.

[Bou 06] **Boukhenous. S**, Attari. M and Ababou. N, *"A Dynamic Study of Foot-to-Floor Interaction During a Vertical Jumping,"* AMSE Journals, Modelling, Measurement & Control, ISSN 1259-5969, Vol. 75 n° 1. April 2006, pp 41-49.

[Bou 07a] **Boukhenous. S**, sellami. S. and Bendahmane. M "Modelling of a triaxiale test body for a strain gauge sensor," International conference on Modelling and Simulation ~MS'07~, Algiers, Algeria, pp 373-376, July 2-4, 2007.

RÉFÉRENCES BIBLIOGRAPHIQUES

[Bou 07b] **Boukhenous. S** and Attari. M. "A Low Cost Grip Transducer Based Instrument To Quantify Fingertip Touch Force". 29th Conference of IEEE – EMBC 'Engineering in Medicine and Biology Society', ISBN: 1-4244-0788-5, ISSN: 1557-170X, Lyon, France, pp 4834-4837, Aug 23-26, 2007.

[Bou 07c] **Boukhenous. S** and Attari. M., "A Low Cost Vectorial Force Sensor,". JLINS'2007, FEI/USTHB, pp 30-35, 30-31 Octobre, 2007.

[Bou 08] **Boukhenous. S** and Attari. M. "An easy made pinch grip sensor to quantify fingertip pressure". 2nd International Conference on Signals, Circuits & Systems IEEE - SCS'08, ISBN: 978-1-4244-2628-7, IEEE Catalog Number: CFP0877E, Hammamet, Tunisie, Nov 07-09, 2008.

[Bur 93] Bruce. T. and Stitt. M. '*MFB Low-Pass Filter Design Program*', Burr-Brown®, Application Bulletin, USA, pp 1-8, 1993.

[Bus 07] Buschbaum. A. and Plassmeier .V.P, "*Angle measurement with a Hall effect sensor,*" *Smart Mater. Structl.*, Vol. 16, 2007, pp. 1120-1124.

[Cel 01] Celler. B, "*Physiological monitoring*", Health informatics in Australia, 2001.

[Cha 93] Chauvet. F, "*Compatibilité électromagnétique*", Techniques de l'Ingénieur, Génie électrique et électronique, Vol D, D 1 900-E 3 750, 1993.

[Che 06] Chedevergne. F, Faivre .A and al, "Development of a mechatronical device to measure plantar pressure for medical prevention of gait issues,". Proc. IEEE International Conference on Mechatronics and Automation, Luoyang, china, pp 928-932, Jun 2006.

[Dia 01] Dias Pereira. J.M., Silva Girão. P.M.B. and Postolache. O, "*Fitting Transducer Characteristics to Measured Data,*" *IEEE Instrumentation & Measurement Magazine*, December 2001, pp. 26-39.

[Dou 97] Doutrellot. PL, Durlent. V and al " *Mesure de la force verticale d'appui au cours de la marche*: étude comparative entre la plate-forme dynamométrique et système portable à multicapteurs plantaires ". Elsevier, Paris, Ann Réadaptation Méd Phys, No.40, pp 37-42, 1997.

[Dub 94] Duboy. J, Junqua. A. et Lacouture. P. " *Mécanique humaine, Eléments d'une Analyse des Gestes Sportifs en 2D* ". Editions Revue E.P.S, Paris, 1994. 222 p.

[Ehr 00] Ehrlich. A.C., "*The Hall Effect,*" The Electrical Engineering Handbook Ed. Richard C. Dorf Boca Raton: CRC Press LLC, 2000.

[Fai 03] Faivre. A, " Conception et validation d'un nouvel outil d'analyse clinique de la marche ", Ph.D. thesis, University of Franche-Comté, 2003, 164 p.

[Fai 04] Faivre. A, Dahan. B and al, "Instrumented shoe for pathological gait assessment," Mechanics Research Communications, Vol. 31, pp 627-632, 2004.

RÉFÉRENCES BIBLIOGRAPHIQUES

[Fek 05] Fekih. R, Taberkokt. M, **Boukhenous. S** et Ababou.N, " Réalisation d'un dispositif de mesure automatique de la performance du saut en volley-ball ". Colloque Scientifique organisé par le Laboratoire des Adaptations & de la Performance Motrice L'INFS / STS de Dély-Ibrahim, Alger. 16 Avril 2005.

[Fra 97] Fraden. J " *Handbook of modern sensors, physics, designs and applications*," Second Edition. Thermoscan, Inc San Diago, california, 1997. 556 p.

[Gia 97] Giacomozzi. C and Macellari. V, *"Piezo-Dynamometric Platform for a More Complete Analysis of Foot-to-Floor Interraction,"* IEEE Trans.Rehab. Eng., Vol.5, No.4, pp 322-330, Dec 1997.

[Hem 00] Hemming. L. H, Ungvichian. V and al , *"Compatibility"*, The biomedical Engineering Handbook, Second Edition, CRC & IEEE Press, 2000.

[Jin 97] Jin. Z and Kobetic. R, *"Rail Supporting Transducer Posts for Three-Dimensional Force Measurement ,"* IEEE Trans. Rehab. Eng, Vol. 5, No. 4, pp 380-387. Dec 1997.

[Kle 98] Kleissen. R, Buurke. J and al, *"Electromyography in the biomechanical analysis of human movement and its clinical application, "* Gait Posture, Vol.8. No.2, pp143-158, 1998.

[Kur 02] Kurita. Y, Tada. M. and al. "Simultaneous Measurement of the Grip/Load Force and the Finger EMG," in Proc IEEE Int.Workshop. Robot and Human Interactive Communication., Berlin, Germany, Sept 25-27, 2002.

[Lac 91] Lacouture. P et Junqua. A, "Plate-forme de Forces et Analyse du Geste Sportif', Science et motricité, no 15, pp 41-51, 1991.

[Luc 97] De Luca. CJ, *"The use of surface electromyography in biomechanics, "* J App Biomech Vol.13, pp135-163, 1997.

[Mez 05] Méziane. N, **Boukhenous. S** et Attari. M, " Prototype de détection du rythme cardiaque durant un effort physique ". Colloque Scientifique organisé par le Laboratoire des Adaptations & de la Performance Motrice L'INFS / STS de Dély-Ibrahim, Alger. 16 Avril 2005.

[Mez 06a]Méziane. N, **Boukhenous. S** et Attari. M, " Prototype de détection du rythme cardiaque durant un effort physique ". Revue Scientifique Spécialisée des Sciences du Sport / INFS –STS, Rachid Harrïgue, Dely Inrahim, Alger. n° 00 – Février 2006 / ISSN : 1112 67 44.

[Mez 06b]Méziane. N. " Etude et réalisation d'une carte d'acquisition à haute résolution avec port USB pour des applications en biomédicale ". Thèse de magister en instrumentation electronique, Septembre 2006.

[Mez 07] Méziane. N, **Boukhenous. S** and Attari. M, "A Data Acquisition System for ECG High Immunity Recording," International Conference on modelling and Simulation (MS'07 Algeria), Algeria, pp 856-859, July 2-4, 2007.

RÉFÉRENCES BIBLIOGRAPHIQUES

[Mig 07] Migeon. A and Lenel. A.E, *"Accelerometers and Inclinometers,"* Handbook of modern sensors, Edited by Pavel Ripka and Alois Tipek, © ISTE Ltd, USA, Chapter 5, pp 193-244, 2007.

[Miy 78] Miyazaki. S and Iwakura. H, *"Foot-force measuring device for clinical assessment of pathological gait,"* Med Biol Eng Comp, Vol.16, N°.4, pp 429-436, 1978.

[Nor 82] Norton. H.N, *"Sensor and Analyser"*, Handbook. Partie I, Prentice Hall, 1982, 290p.

[Pei 05] Peiner. E, Tibrewala. A and al, "Micro force sensor with piezoresistive amorphous carbon strain gauge," The 13th International Conference on Solid-State Sensors, Actuators and Microsystems, Seoul, Korea, pp 551-554, Jun 5-9,2005.

[Rab 01] Rabuffetti. M and Frigo. C, *"Ground Reaction: intrinsic and extrinsic variability assessment and related method for artefact treatement,"* Jour. Biomechanics, Vol. 34, pp 363-370, 2001.

[Rea 06] Reaz. M, Hussain. M and Mohd-Yasin. F, "Techniques of EMG signal analysis: detection, processing, classification and applications," Biol. Proced. Online, Vol.8, No.1, pp 11-35, March 2006.

[Rez 00] Rezaul K. Begg and Syed M. Rahman, " *A method for the reconstruction of ground reaction force-time characteristics during gait from force platform recordings of simultaneous foot falls,* " IEEE. Trans. Biom. Eng., Vol. 47, No.4, pp 547-551, April 2000.

[Rip 07] Ripka. P and Tipek. A, *Modern Sensors Handbook*, ISTE Ltd, UK, 2007, 536 p.

[Saz 07] Sazonov. E, Krishnamurthy. V and al, " Automatic recognition of postural allocations," Proceedings of the 29th Annual International Conference of IEEE EMBS, Lyon, France, pp 4993-4996, Aug 23-26, 2007.

[Sou 92] Soutas. RW, Hillmer . K.M, Hwang. J.C and Dhaher. Y " *Role of Ground Reaction Torque and Other Dynamic Measures in Postural Stability,* " IEEE Eng. Med. and Bio, pp 28-31, Dec 1992.

[Spa 94] Spaepen. A, *"Opportunities and limitations in the use of force platforms in clinical applications,"* International Conference on Clinical Gait Analysis, Dundee, Scotland, July 1994.

[Tan 00] Tanimoto. Y, Takechi. H and al, *"Pressure Measurement of Air Cushion for SCI Patients,"* IEEE Trans. Inst. Meas, Vol.49, No.3, Jun 2000.

[Web 98] Webster. J.G, *"Tactile Sensors for robotics and Medicine,* " J.G. Webster, Ed. New York: Wiley, 1998.

[Web 99] Webster J. G, *"Handbook of Measurement Instrumentation Sensors,"* CRC Press LLC, 1999.

[Wer 92] Wertsch. J. J, Webster. J.G, and Tompkins. W. J, *"A portable insole plantar pressure measurement system,"* J. Rehab. Res. Develop., vol. 29, No.1, pp. 13-18, 1992.

RÉFÉRENCES BIBLIOGRAPHIQUES

[Yar 01] Yarrow. K, Brown. P, Gresty. M.G and Bronstein. A.M, *"Force platform recording in the diagnosis of primary orthostatic tremor,"* Gait & Posture, Vol.13, pp. 27-34, 2001.

[You 89] Young. W.C, *"Roark's Formulas for Stress and Strain,"* 6th ed, New York, McGraw-Hill, 1989.

[Zhu 90] Zhu. H, Maalej. N, Webster. J.G. and all *"An umbilical data-acquisition system for measuring pressures between the foot and shoe,"* IEEE Trans. Biomed. Eng., vol. 37, pp. 908-911, Sept. 1990.

[Zhu 91] Zhu. H, Harris. G. F, Wertsch .J.J., Tompkins. W. J and Webster .J.G, *"A microprocessor-based data-acquisition system for measuring plantar pressures from ambulatory subjects,"* *IEEE Trans. Biomed. Eng.,* vol. 38, pp. 710-714, July 1991.

[Zia 96] Ziad.O, Gerald. F and al, *"Evaluation of a rehabilitative pedorthic: plantar pressure alterations with scaphoid pad application,"* IEEE Trans. Rehab. Eng. Vol.4, No.4, pp 328-336, Dec 1996.

[Zia 01] Ziad.O. Abu-Faraj, G.F. Harris and Peter A. Smith, *"Surgical rehabilitation of the planovalgus foot in cerebral palsy,"* IEEE Trans. Neural.Sys and Rehab. Eng., vol. 9, No. 2, Jun. 2001.

103

ANNEXES

A.1 Cartes de conditionnements et circuits d'implantations

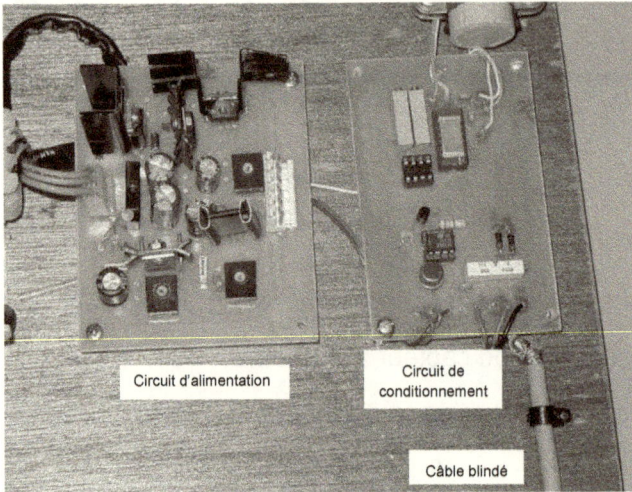

Figure A.1.1. Circuit de conditionnement du capteur de force 1D

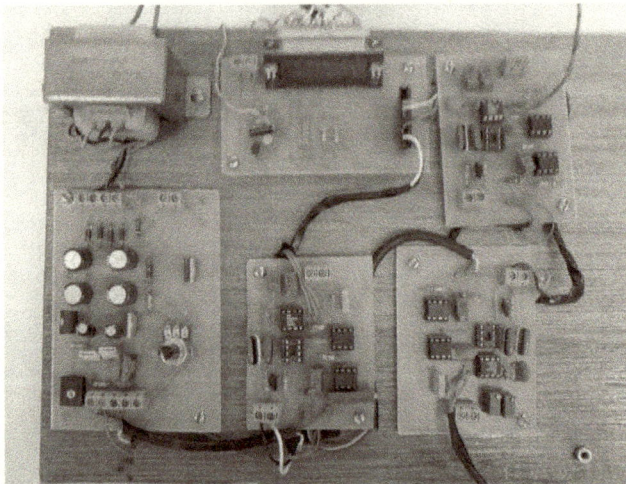

Figure A.1.2. Circuit de conditionnement du capteur de force 3D

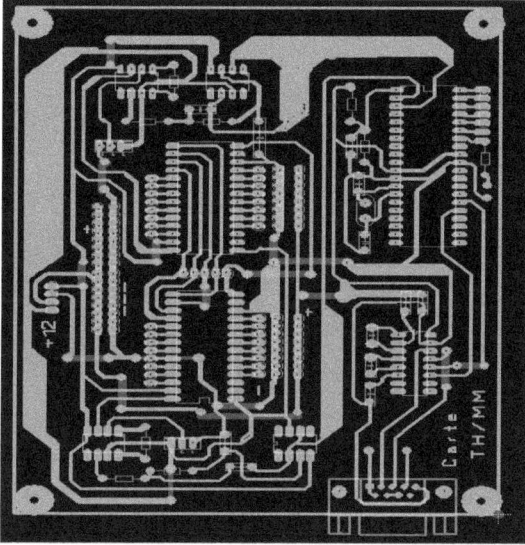

Figure A.1.3. Circuit d'implantation de la carte de conditionnement
et d'acquisition du réseau de capteurs

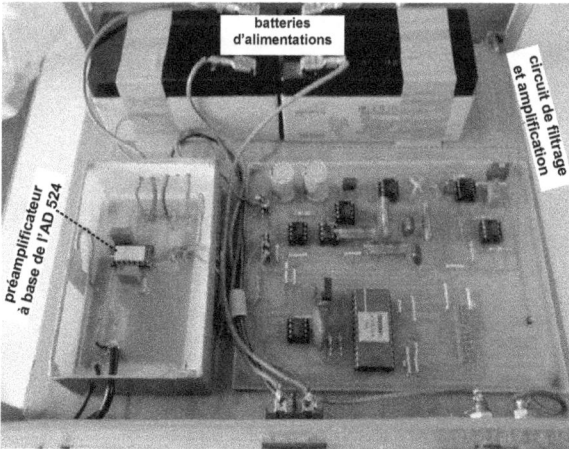

Figure A.1.4. Photo du circuit de conditionnement du signal EMG

A.2.1 Goniomètre à base d'élément Hall

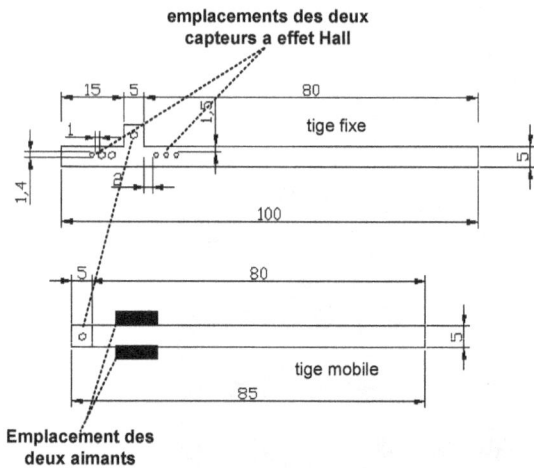

emplacements des deux
capteurs a effet Hall

15 5 80
tige fixe
1,4
100

5 80
tige mobile
85

Emplacement des
deux aimants

Figure A.2.1. Principe d'un
goniomètre manuel

Figure A.2.2. Goniomètre réalisé

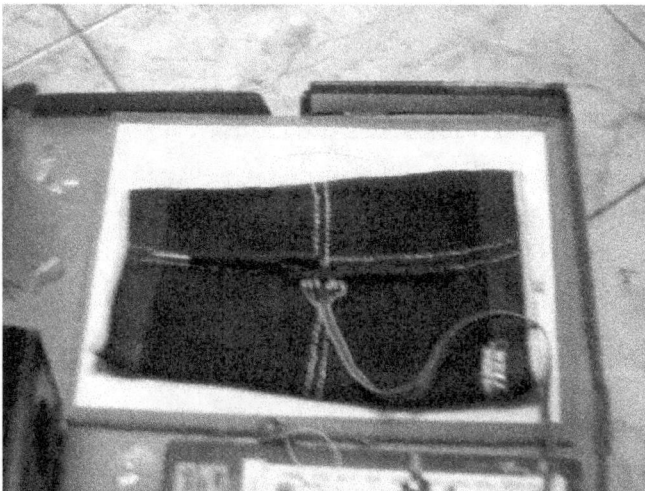

Figure A.2.3. Implémentation du goniomètre sur une genouillère

A.2.2 Pince instrumentale à base d'un capteur à effet Hall

Capteur tactile

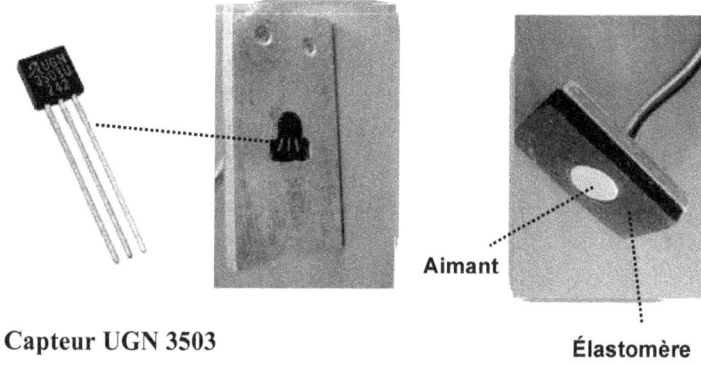

Capteur UGN 3503

Aimant

Élastomère

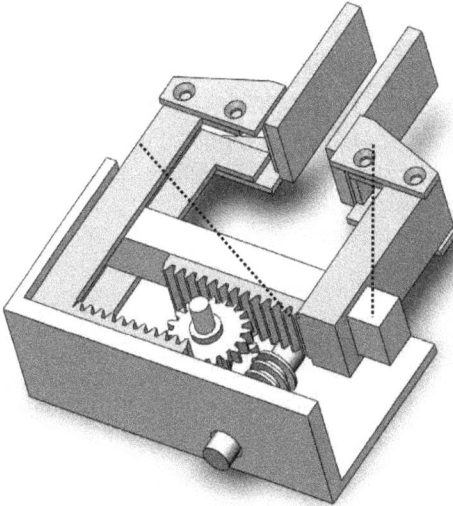

Figure A.2.4. Placement du capteur tactile à base d'élément Hall
'UGN 3503' sur une pince pour des applications en robotiques

A.3 Description de la carte d'acquisition DaqBoard/1005

Figure A.3.1. Carte d'acquisition DaqBoard/1005

La carte DB 1005 que nous avons utilisé est une carte d'acquisition qui fonctionne sur 16 bits permet des mesures successives jusqu'à 16 voies avec une bande passante de 200kHz. Cette carte est équipée des composants suivants:

- un circuit 'ADG 407' pour le multiplexage des 16 signaux d'entrées analogiques,
- d'un amplificateur d'instrumentation de type 'INA 103KU' de Burr- Brown;
- d'un filtre passe-bande à base du circuit 'AD706';
- d'un circuit de conversion Analogique/Numérique le 'AD977A';
- de deux convertisseurs Numérique/Analogique de type 'DAC 312';
- de trois circuits de multiplexage de type 'ADG509FBRN';
- de trois registres de types 'HC595' à 8bits d'entrées séries/sortie parallèles;
- d'un circuit 'PCI 9080' assurant l'interfaçage avec le bus d'entrée/sortie de type PCI, ce qui permet la connexion avec une variété de processeurs, de contrôleurs et de mémoires;
- d'un circuit FPGA 'XCS40'de la série Spartan® permettant la programmation, le calibrage…etc

Procédure d'acquisition et d'enregistrement des données sur PC

Pour l'acquisition des différents signaux issus de nos circuits de conditionnements nous avons exploité la partie software de la carte. Pour cela, nous avons utilisé un programme d'acquisition le 'DaqView' sous Windows permettant:

- la sélection des canaux et des gains pour l'acquisition des données;
- la visualisation des signaux en temps réel;
- la sélection de la fréquence d'échantillonnage et du nombre d'échantillons;
- l'enregistrement des données sous différents formats;

Notre procédure d'acquisition se résume par les différentes étapes qui sont décrit à partir des différentes fenêtres du logiciel. La Figure A.3.2 présente la fenêtre de lancement du programme. La Figure A.3.3, montre la fenêtre principale du programme, à partir de la quelle nous avons accès à toutes les fonctions de l'interface ainsi qu'a la visualisation des signaux en temps réel. La Figure A3.4 représente la fenêtre qui permet le choix du temps d'acquisition et le nom du fichier pour la sauvegarde des données. La Figure A.3.5, représente la procédure de l'envoi de l'ordre du lancement de l'acquisition. Enfin la Figure A.3.6 montre le transfert des données vers le fichier de stockage des données.

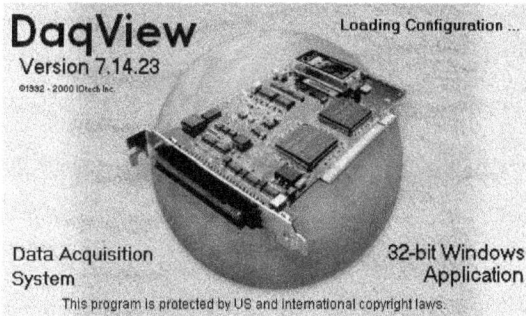

Figure A.3.2. Fenêtre de lancement du programme

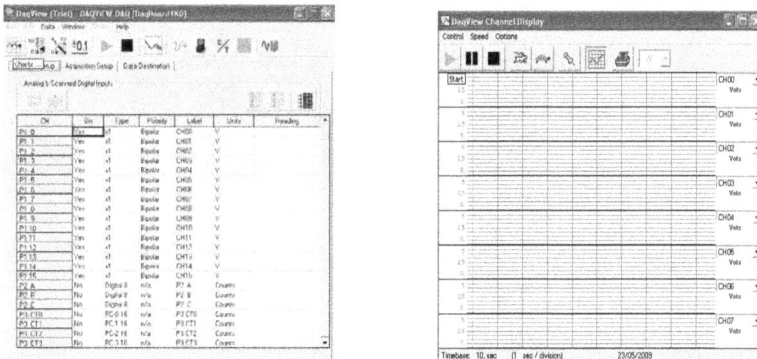

Figure A.3.3. Choix et validation des canaux avec visualisation des signaux

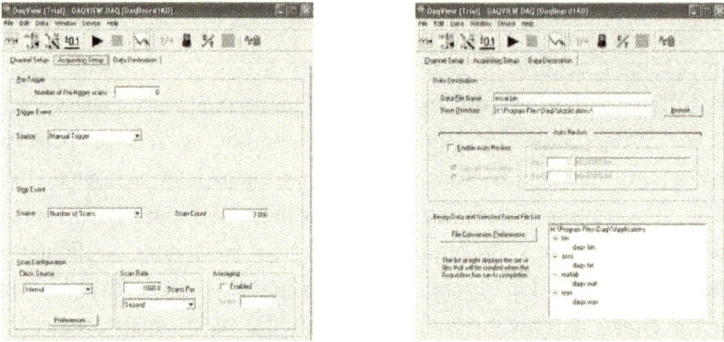

Figure A.3.4. Choix du temps d'acquisition et du nom du fichier

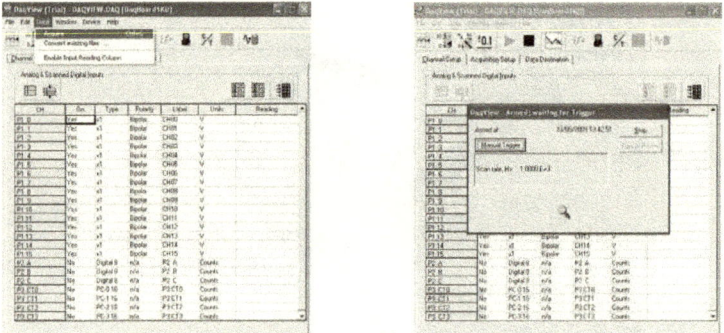

Figure A.3.5. Ordre et lancement de l'acquisition

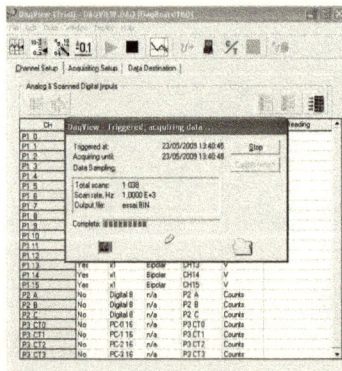

Figure A.3.6. Transfert des données vers le fichier de sauvegarde

111

www.ingramcontent.com/pod-product-compliance
Lightning Source LLC
Chambersburg PA
CBHW021113210326
41598CB00017B/1434